Carlos E. Baldelomar
Karina M. Vilchez
Yaoska S. Méndez

Redes Neuronais

Carlos E. Baldelomar
Karina M. Vilchez
Yaoska S. Méndez

Redes Neuronais

Em Gestão do risco de crédito

ScienciaScripts

Imprint

Cover image: www.ingimage.com

This book is a translation from the original published under ISBN 978-620-0-01193-0.

Publisher:
Sciencia Scripts
is a trademark of
Dodo Books Indian Ocean Ltd. and OmniScriptum S.R.L publishing group

120 High Road, East Finchley, London, N2 9ED, United Kingdom
Str. Armeneasca 28/1, office 1, Chisinau MD-2012, Republic of Moldova, Europe
Managing Directors: Ieva Konstantinova, Victoria Ursu
info@omniscriptum.com

Printed at: see last page
ISBN: 978-620-8-62594-8

Índice

Prefácio

Na era da informação e da transformação digital, a gestão do risco financeiro enfrenta desafios e oportunidades sem precedentes. As redes neuronais, como parte fundamental do desenvolvimento da inteligência artificial, surgiram como uma das ferramentas mais poderosas para lidar com a complexidade inerente à avaliação do risco de crédito. Este livro, "Neural Networks in Credit Risk Management", tem como objetivo fornecer uma visão geral da forma como estas tecnologias estão a transformar o sector financeiro, melhorando a capacidade das instituições para avaliar o risco de forma mais precisa e eficaz.

O livro começa com uma introdução acessível e bem fundamentada aos conceitos básicos das redes neuronais artificiais, incluindo a estrutura das camadas de entrada, oculta e de saída, bem como o funcionamento dos algoritmos de aprendizagem. Esta base concetual é essencial para que os leitores compreendam como as redes neuronais aprendem a identificar padrões complexos em grandes volumes de dados, um processo fundamental na avaliação do risco de crédito.

A história e a evolução das redes neuronais são também apresentadas em pormenor, destacando os marcos que permitiram que estas tecnologias evoluíssem de simples modelos matemáticos para ferramentas robustas de previsão e análise. Desde as ideias pioneiras de Warren McCulloch e Walter Pitts até aos avanços na retropropagação liderados por David Rumelhart e Geoffrey Hinton, os autores conduzem-nos por um percurso histórico que contextualiza o impacto atual das redes neuronais no sector financeiro.

Um dos principais contributos deste livro é o facto de se centrar nas aplicações práticas das redes neuronais no sector financeiro, nomeadamente na gestão do crédito. Explora várias arquitecturas de redes, como as redes feedforward e recorrentes, e discute como cada uma delas pode ser útil para resolver problemas específicos no domínio do crédito. A capacidade destas redes para aprenderem com dados históricos e se adaptarem a novas circunstâncias é essencial para melhorar a precisão da avaliação dos candidatos a crédito, permitindo uma tomada de decisões mais eficiente e minimizando o risco de incumprimento.

Os autores abordam também os desafios e limitações da aplicação destas tecnologias, reconhecendo a complexidade dos modelos e a importância de dados representativos e de elevada qualidade. A natureza de "caixa negra" das redes neuronais e os riscos de enviesamento dos dados são discutidos em profundidade, oferecendo recomendações sobre técnicas de explicabilidade e transparência que podem ajudar a ultrapassar estes obstáculos e garantir que as decisões tomadas pelos modelos são éticas e compreensíveis.

Este livro não só fornece uma visão técnica do funcionamento das redes neuronais, como também ilustra a forma como a sua aplicação pode transformar processos críticos no sector financeiro, tais como a avaliação do risco de crédito, a deteção de fraudes e a otimização de carteiras. Os casos e exemplos apresentados mostram claramente como estas ferramentas permitem às instituições financeiras adaptarem-se a um ambiente competitivo e em constante mudança, melhorando tanto a eficiência operacional como a qualidade do serviço oferecido aos clientes.

Em suma, "Neural Networks in Credit Risk Management" é uma leitura essencial para académicos, profissionais financeiros e todos os interessados em compreender como as tecnologias de inteligência artificial estão a redefinir a análise de risco e a tomada de decisões em finanças. Este livro oferece uma combinação única de teoria e prática, convidando os leitores a explorar o potencial das redes neuronais para melhorar a gestão financeira de forma mais eficiente, precisa e equitativa.

Capítulo 1 : Introdução às redes neuronais e sua aplicação na gestão do crédito

O que são redes neuronais: conceitos básicos?

As redes neuronais artificiais (RNA) são modelos computacionais inspirados no funcionamento do cérebro humano. São constituídas por camadas de nós interligados, também chamados "neurónios", que trabalham em colaboração para aprender padrões complexos a partir dos dados. Estas redes estão organizadas em três tipos principais de camadas: a camada de entrada, que recebe os dados iniciais; as camadas ocultas, onde se efectua o processamento complexo; e a camada de saída, que fornece os resultados finais (Del Carpio Gallegos, 2005), na **Figura 1**.

Figura 1: Camadas de redes neurais

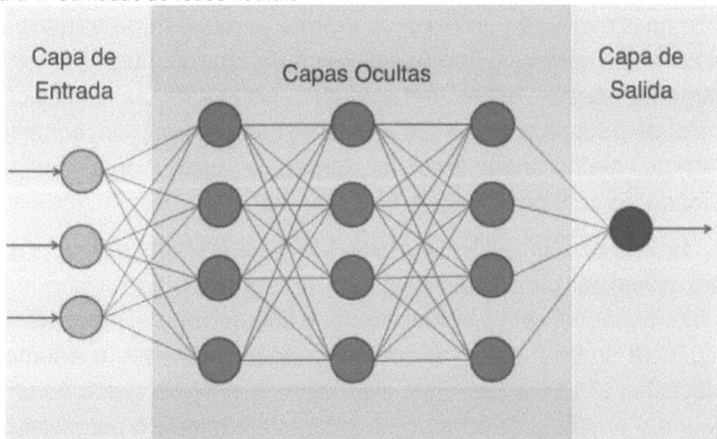

Fonte: https://aprendeia.com/que-son-las-redes-neuronales-artificiales/

Camada de entrada

A camada de entrada é a primeira camada da rede neuronal e a sua função é receber os dados brutos a processar. Cada nó desta camada representa uma caraterística específica do conjunto de dados de entrada. A camada de entrada não efectua qualquer processamento complexo; limita-se a distribuir a informação recebida às camadas seguintes da rede para análise posterior.

Camadas ocultas

As camadas ocultas são as que se situam entre a camada de entrada e a camada de saída. Estas camadas são responsáveis pelo processamento da informação. Cada nó de uma camada oculta recebe sinais dos nós da camada anterior, aplica um peso e uma função de ativação, como se mostra na **Figura 2** (como a função sigmoide, ReLU ou tanh), e transmite o resultado à camada seguinte. As camadas ocultas permitem que a rede capte padrões complexos e relações não lineares presentes nos dados, o que é essencial para as tarefas de classificação e previsão.

Figura 2: Função sigmoide, ReLU ou tanh

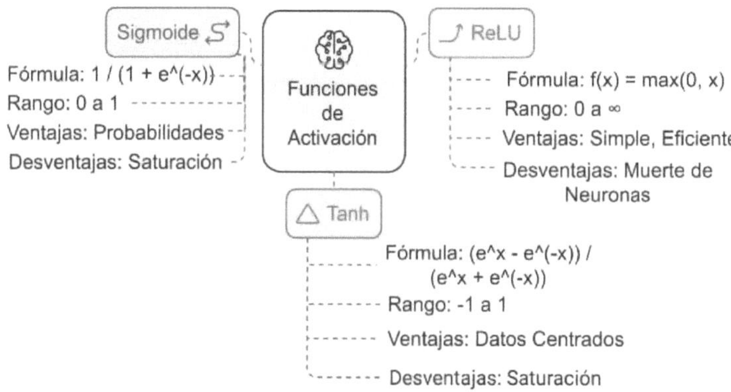

Fonte: Elaboração própria

Camada de saída

A camada de saída é a camada final da rede neuronal. A sua função é produzir o resultado ou a previsão com base no processamento efectuado pelas camadas ocultas. Cada nó da camada de saída representa uma possível classe ou valor de saída. Dependendo da natureza do problema, a camada de saída pode ter um único neurónio (em problemas de regressão) ou vários neurónios (em problemas de classificação). Este processo de propagação para a frente e de ajustamento iterativo dos pesos permite às redes neuronais "aprender" e generalizar a partir de exemplos. Este mecanismo emula a transmissão sináptica entre neurónios biológicos, permitindo que as redes neuronais realizem tarefas de classificação, regressão e previsão com grande eficácia (Aldabas-Rubira, 2002).

A aprendizagem das redes neuronais baseia-se no ajuste iterativo dos pesos das ligações entre os nós através de um processo designado por treino. Durante o treino, é utilizado um conjunto de dados denominado conjunto de treino, que permite à rede ajustar os seus parâmetros internos com o objetivo de minimizar o erro nas suas previsões. Este processo envolve várias iterações em que a rede compara os seus resultados com os valores reais, calcula o erro e ajusta os pesos das ligações para reduzir a discrepância.

A retropropagação de erros é um dos algoritmos mais importantes neste processo de aprendizagem, como se pode ver na **Figura 3.** Este algoritmo calcula a forma como os erros são distribuídos para trás através da rede e, em seguida, utiliza estes cálculos para atualizar os pesos de cada ligação. O algoritmo de retropropagação utiliza o gradiente do erro em relação a cada peso para determinar a direção e a magnitude do ajustamento necessário. São utilizadas técnicas de otimização, como a descida do gradiente estocástico, para efetuar estes ajustamentos, permitindo que a rede encontre uma configuração de pesos que minimize o erro total. Esta técnica é especialmente eficiente em redes multicamadas, onde as interações entre múltiplas camadas ocultas permitem modelar padrões complexos.

Figura 3: Processo de retropropagação em redes neurais

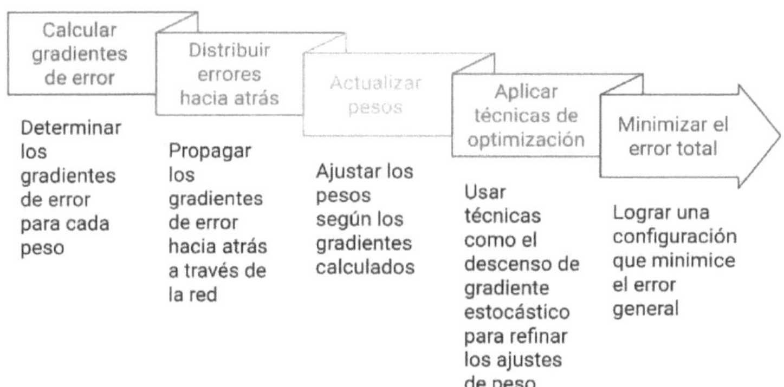

Fonte: Elaboração própria

Graças a este processo de adaptação iterativo e baseado em pesos, as redes neuronais podem aprender e descobrir relações complexas e não lineares entre as variáveis de entrada. Isto torna-as particularmente úteis para uma grande variedade de tarefas que exigem a deteção de padrões subtis em grandes quantidades de dados, como a previsão do risco de crédito, em que é avaliada a probabilidade de incumprimento de um candidato a crédito, o reconhecimento de imagens, em que é necessário identificar caraterísticas específicas em fotografias ou vídeos, e o processamento de linguagem natural, que envolve a compreensão e a geração eficaz de texto humano.

Os modelos de redes neuronais são capazes de reconhecer padrões não lineares, o que os torna ideais para resolver problemas complexos no sector financeiro, incluindo a gestão do risco de crédito. Estas capacidades não só permitem o desenvolvimento de modelos robustos, como também proporcionam a flexibilidade para generalizar a partir de dados históricos e adaptar-se a cenários em mudança, o que é crucial para lidar com a natureza dinâmica dos mercados financeiros. As redes neuronais, ao contrário dos modelos estatísticos tradicionais, podem identificar relações não óbvias e adaptar-se a mudanças inesperadas nos padrões dos dados, o que resulta numa maior precisão e adaptabilidade.

As redes neuronais são particularmente úteis para prever o

comportamento financeiro, como a probabilidade de incumprimento, e para classificar os requerentes de crédito em categorias de risco, o que facilita a tomada de decisões com base em dados (Toro Ocampo, Mejía Giraldo & Salazar Isaza, 2004). Por exemplo, ao analisar os perfis dos requerentes de crédito, estas redes podem combinar variáveis complexas como o historial de crédito, o rendimento e as caraterísticas demográficas para gerar uma pontuação de risco mais precisa. Isto permite às instituições financeiras otimizar a concessão de empréstimos e reduzir a probabilidade de incumprimento.

De acordo com Méndez Araya (2009), as redes neuronais representam um conjunto de elementos de processamento interconectados que imitam o processo de aquisição de conhecimento do cérebro humano. Este paralelismo com o funcionamento do cérebro humano torna-as altamente eficazes para a previsão em ambientes financeiros complexos, uma vez que são capazes de aprender e adaptar os seus parâmetros com base na experiência adquirida durante o treino. Desta forma, as redes neuronais melhoram a precisão e a fiabilidade das suas estimativas ao longo do tempo, o que é essencial para a gestão do risco de crédito, em que a capacidade de resposta às novas condições do mercado é fundamental (Méndez Araya, 2009). Além disso, a aprendizagem contínua permite-lhes atualizar os seus parâmetros quando são apresentados novos dados, o que constitui uma vantagem significativa num ambiente financeiro competitivo e em evolução.

História e evolução das redes neuronais

O conceito de redes neuronais artificiais foi proposto pela primeira vez na década de 1940 por Warren McCulloch e Walter Pitts, que desenvolveram um modelo matemático que descrevia o funcionamento dos neurónios biológicos como dispositivos lógicos capazes de processar sinais de entrada (McCulloch & Pitts, 1943). Esta abordagem matemática permitiu concetualizar os neurónios como unidades binárias que são activadas ou inibidas em função de determinados limiares, lançando as bases para o desenvolvimento das redes neuronais artificiais que conhecemos hoje. A ideia de McCulloch e Pitts foi revolucionária, pois propôs que os processos cognitivos complexos pudessem ser representados por combinações de operações lógicas simples, o que foi fundamental para o avanço da inteligência artificial.

Mais tarde, em 1949, Donald Hebb introduziu uma teoria da aprendizagem conhecida como a regra de Hebb, que descrevia como os neurónios podiam modificar as suas ligações com base na atividade sináptica (Hebb, 1949). Hebb propôs que a ligação entre dois neurónios é reforçada se ambos forem activados simultaneamente, uma ideia sintetizada na frase "neurónios que disparam juntos, disparam juntos". Este princípio constitui a base da aprendizagem adaptativa nas redes neuronais modernas, uma vez que permite que as ligações entre os neurónios se ajustem de acordo com a experiência, facilitando a formação de padrões complexos. A teoria de Hebb teve um impacto profundo na neurociência e na inteligência artificial, pois introduziu o conceito de plasticidade sináptica, que é essencial para a aprendizagem e a memória (Ruiz & Basualdo, 2001).

Na década de 1980, a introdução do algoritmo de retropropagação do erro, inicialmente desenvolvido por Paul Werbos e mais tarde popularizado por David Rumelhart, Geoffrey Hinton e Ronald Williams, permitiu a aplicação prática de redes multicamadas para resolver problemas complexos de aprendizagem supervisionada (Werbos, 1974; Rumelhart, Hinton & Williams, 1986). A retropropagação do erro é um algoritmo fundamental que permite ajustar eficazmente os pesos das ligações, minimizando o erro das previsões da rede através da utilização da descida do gradiente. Este avanço foi fundamental para ultrapassar as limitações dos primeiros modelos perceptron, que não conseguiam resolver problemas não linearmente separáveis.

Graças à retropropagação, as redes neuronais multicamadas,

também conhecidas como redes perceptron multicamadas (MLP), tornaram-se muito mais poderosas e capazes de modelar relações complexas entre entradas e saídas. Este avanço não só permitiu a resolução de problemas de classificação mais sofisticados, como também facilitou a previsão de dados em domínios como o reconhecimento da fala, a visão por computador e a gestão de riscos financeiros. A disponibilidade de sistemas de computação potentes, como as unidades de processamento gráfico (GPU), e o acesso a grandes volumes de dados nas últimas décadas levaram ao ressurgimento e ao sucesso das redes neuronais em muitos domínios, incluindo o financeiro (Ramírez & Chacón, 2011).

A utilização de redes neuronais em finanças tem sido particularmente benéfica para a avaliação de riscos e a previsão do comportamento do mercado, graças à sua capacidade de aprender com grandes volumes de dados históricos e de detetar padrões complexos que seriam difíceis de identificar utilizando métodos tradicionais. Este ressurgimento foi também impulsionado pelo aumento da capacidade de armazenamento de dados e pelo desenvolvimento de algoritmos de otimização mais eficientes, que tornaram a formação de redes neuronais profundas mais rápida e eficaz.

Aplicações gerais das redes neuronais na indústria

As redes neuronais têm sido utilizadas com êxito em vários sectores devido à sua capacidade de modelar e resolver problemas complexos através da aprendizagem de padrões ocultos nos dados. Graças à sua estrutura e capacidade de aprender com exemplos, as redes neuronais podem identificar caraterísticas não óbvias e captar relações não lineares que seriam difíceis de detetar utilizando métodos tradicionais. Isto permite-lhes oferecer soluções inovadoras numa variedade de sectores e contextos.

No sector da saúde, por exemplo, são utilizadas no diagnóstico de doenças, tirando partido da sua capacidade de analisar imagens médicas e outros dados clínicos com elevada precisão. As redes neuronais têm-se revelado particularmente úteis na deteção de anomalias em radiografias, ressonâncias magnéticas e tomografias computorizadas, permitindo aos profissionais de saúde identificar sinais precoces de patologias como o cancro ou doenças cardiovasculares. Além disso, são utilizadas na análise de registos de saúde electrónicos, ajudando os médicos a tomar decisões mais bem informadas com base em padrões históricos e dados dos doentes (Ramírez & Chacón, 2011).

No sector do retalho, estas redes podem prever o comportamento dos consumidores e personalizar as ofertas para cada cliente. Ao analisar os dados de compra, o histórico de navegação e as preferências individuais, as redes neuronais podem segmentar os clientes e antecipar as suas necessidades, melhorando a eficiência das estratégias de marketing e aumentando a fidelização. Por exemplo, os sistemas de recomendação utilizados pelas grandes plataformas de comércio eletrónico recorrem às redes neuronais para sugerir produtos que correspondam aos interesses e necessidades particulares de cada utilizador, aumentando as taxas de conversão e melhorando a experiência do cliente (Aldabas-Rubira, 2002).

Além disso, no sector industrial, as redes neuronais têm sido aplicadas à manutenção preditiva de máquinas. Através da análise de dados históricos de sensores e registos operacionais, estas redes podem prever falhas ou avarias antes de estas ocorrerem, permitindo às empresas reduzir o tempo de inatividade, otimizar o desempenho das suas operações e reduzir os custos associados à manutenção reactiva. Esta abordagem preditiva é fundamental para as indústrias que dependem da continuidade operacional, uma vez que lhes permite planear a manutenção de forma eficiente e minimizar as interrupções inesperadas.

No domínio financeiro, as redes neuronais têm-se revelado particularmente úteis na deteção de fraudes, na previsão do preço dos activos, na gestão do crédito e na otimização de carteiras. Na deteção de fraudes, as redes neuronais são capazes de analisar padrões de comportamento e transacções financeiras em tempo real, identificando actividades suspeitas que podem ser indicativas de fraude. Graças à sua capacidade de aprender e de se adaptar a novas tácticas fraudulentas, estas redes são uma ferramenta poderosa para garantir a segurança financeira das instituições e dos clientes. No domínio da previsão de preços de activos, as redes neuronais são utilizadas para analisar séries temporais e detetar padrões históricos nos preços, facilitando a previsão de movimentos futuros do mercado, o que ajuda os investidores a tomar decisões mais informadas e a minimizar os riscos.

Na gestão de crédito, as redes neuronais são utilizadas para avaliar o perfil de risco dos candidatos, considerando múltiplas variáveis socioeconómicas e financeiras para determinar a probabilidade de incumprimento. Estes modelos permitem uma análise abrangente de cada candidato, incorporando informações como o historial de crédito, rendimentos, caraterísticas demográficas e comportamento de pagamentos anteriores. Esta avaliação exaustiva gera uma pontuação de risco mais precisa do que os métodos tradicionais, o que ajuda a otimizar a concessão de crédito, a minimizar as perdas por incumprimento e a oferecer melhores condições de crédito a cada cliente, adaptadas ao seu perfil de risco específico, como mostra a **Figura 4.**

Figura 4: Factores que contribuem para a avaliação do risco de crédito

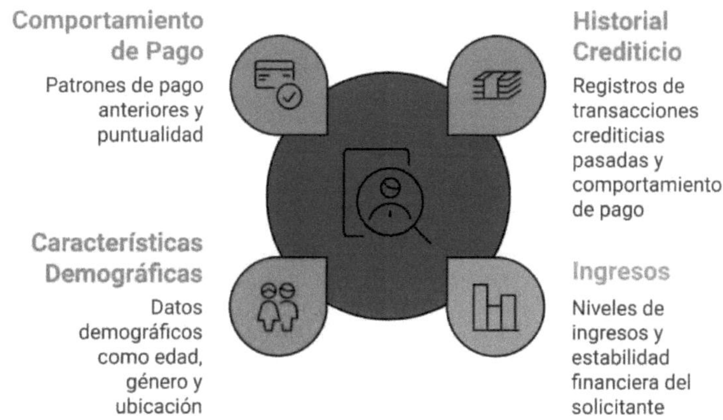

Fonte: Elaboração própria

As redes neuronais começaram também a ser utilizadas na otimização de carteiras de investimento. Estes modelos permitem analisar simultaneamente um grande número dc activos e as suas correlações para construir uma carteira que maximize o rendimento e minimize o risco. Através da análise de dados históricos e da identificação de padrões, as redes neuronais são capazes de gerar estratégias de investimento mais adaptativas, ajustando-se às alterações do mercado e melhorando o desempenho das carteiras.

De acordo com Guerrero et al. (2024), a incorporação da inteligência artificial, incluindo as redes neuronais, permitiu automatizar muitas tarefas financeiras, melhorando tanto a precisão como a rapidez da tomada de decisões (Guerrero et al., 2024). No domínio da avaliação do risco de crédito, a utilização de redes neuronais facilitou a criação de modelos mais precisos e adaptativos que permitem analisar simultaneamente um grande número de variáveis. Estas variáveis podem incluir tanto aspectos financeiros tradicionais, como o histórico de pagamentos e o rácio dívida/rendimento, como factores adicionais menos convencionais, como o comportamento nas redes sociais ou os padrões de consumo.

Esta abordagem holística permite às instituições financeiras gerar perfis de risco muito mais pormenorizados e específicos para cada candidato, o que, por sua vez, conduz a decisões mais informadas e personalizadas. Por exemplo, as redes neuronais podem identificar padrões complexos que indicam uma elevada probabilidade de incumprimento, mesmo quando certos indicadores financeiros tradicionais não parecem revelar risco. Isto proporciona uma vantagem competitiva significativa, uma vez que permite antecipar mais eficazmente potenciais problemas de incumprimento.

Além disso, a capacidade de aprendizagem contínua das redes neuronais permite que os modelos se actualizem automaticamente quando são incorporados novos dados, garantindo assim que as avaliações de risco permaneçam exactas ao longo do tempo. Esta capacidade de adaptação é crucial num ambiente financeiro dinâmico, em que as condições de mercado e os comportamentos dos consumidores podem mudar rapidamente. Como resultado, as instituições financeiras podem reduzir as taxas de incumprimento e otimizar a sua carteira de empréstimos, oferecendo condições adequadas a cada perfil de risco de uma forma eficiente.

Isto não só melhorou a eficiência operacional das instituições financeiras, como também aumentou a qualidade dos serviços oferecidos, permitindo aos clientes obter respostas mais rápidas e fiáveis em processos críticos, como a avaliação do risco de crédito e a gestão de investimentos.

Gestão do crédito: desafios e oportunidades

O principal objetivo da gestão do crédito é avaliar a capacidade de um candidato para cumprir as obrigações de reembolso decorrentes de um empréstimo. Este processo é essencial para reduzir o risco financeiro e garantir a sustentabilidade das instituições financeiras. Uma avaliação adequada do risco de crédito permite não só que as instituições se protejam contra potenciais perdas, mas também que optimizem a sua carteira de crédito, contribuindo assim para a estabilidade e rentabilidade do sistema financeiro no seu todo.

Tradicionalmente, a avaliação de crédito tem-se baseado em modelos estatísticos clássicos que aplicam regras rígidas para classificar os candidatos, tais como a análise de rácios financeiros ou o cálculo de pontuações de crédito utilizando algoritmos de regressão logística. Estas abordagens são úteis quando estão disponíveis dados estruturados e relações lineares entre variáveis. No entanto, têm limitações significativas, especialmente quando se trata de grandes volumes de dados complexos e não estruturados, como dados transaccionais, registos históricos ou caraterísticas qualitativas difíceis de quantificar (Toro Ocampo et al., 2004).

As redes neuronais oferecem uma alternativa poderosa para ultrapassar estes desafios. Graças à sua capacidade de aprender padrões ocultos e relações não lineares nos dados, as redes neuronais podem fazer previsões mais exactas, mesmo em ambientes complexos e em mudança. Uma das principais vantagens destes modelos é a sua capacidade de tratar e processar grandes volumes de dados, tornando possível extrair informações valiosas de uma variedade de fontes de dados heterogéneas, integrando tanto variáveis financeiras tradicionais como dados não estruturados. Estes dados podem incluir o comportamento do consumidor, interações nas redes sociais, histórico de crédito, transacções recentes e até caraterísticas demográficas que os modelos estatísticos tradicionais muitas vezes não incorporam.

Esta abordagem holística melhora significativamente a capacidade de previsão dos modelos, uma vez que tem em conta uma grande variedade de factores que contribuem para a probabilidade de incumprimento de um candidato. Por exemplo, enquanto os modelos tradicionais se centram principalmente no historial financeiro e na pontuação de crédito, as redes neuronais podem considerar padrões de comportamento na utilização do cartão de crédito, despesas em bens não essenciais e até a frequência de pagamentos noutros tipos de serviços. Isto proporciona uma visão mais completa e contextual do perfil de risco de cada candidato, ajudando as instituições financeiras a tomar decisões mais informadas e direcionadas.

Além disso, as redes neuronais podem atualizar dinamicamente os seus modelos à medida que são recebidos novos dados, o que é crucial para refletir a evolução do comportamento financeiro dos clientes e ajustar-se rapidamente à evolução das condições de mercado. Isto assegura que as avaliações de risco de crédito são sempre actuais e relevantes, reduzindo a probabilidade de classificação incorrecta dos candidatos. Num ambiente financeiro em que as mudanças podem ocorrer subitamente, a capacidade de adaptação contínua das redes neuronais proporciona uma vantagem competitiva considerável. Além disso, a automatização destes processos ajuda a reduzir o tempo de execução da avaliação de crédito, oferecendo aos clientes uma experiência mais rápida e eficiente.

Estas capacidades permitem não só melhorar as notações de crédito, mas também detetar potenciais fraudes e comportamentos anómalos, o que é fundamental na gestão do risco (Van Greuning, 2009). As redes neuronais podem analisar grandes volumes de transacções em tempo real, detectando padrões suspeitos que podem indicar actividades fraudulentas, tais como transacções invulgares ou inconsistências no comportamento dos utilizadores. Esta capacidade de deteção precoce é essencial para minimizar as perdas financeiras e proteger tanto as instituições como os seus clientes.

Além disso, as redes neuronais estão bem adaptadas às exigências actuais do sector financeiro, que requer sistemas capazes de tomar decisões rápidas e precisas para proporcionar uma vantagem competitiva. A natureza dinâmica do sector financeiro exige que os modelos sejam capazes de se atualizar e ajustar rapidamente às alterações do mercado e ao comportamento dos clientes. A capacidade de aprendizagem contínua das redes neuronais permite que estes modelos melhorem a sua precisão à medida que são recolhidos novos dados, mantendo as avaliações sempre relevantes e adaptadas às circunstâncias actuais.

Por exemplo, quando são introduzidos novos tipos de produtos financeiros ou as condições macroeconómicas se alteram, as redes neuronais podem recalibrar os seus modelos para refletir essas alterações, garantindo assim que as avaliações de risco são precisas e actualizadas. Isto resulta em taxas de incumprimento reduzidas, uma vez que as decisões de empréstimo são mais bem informadas e alinhadas com o perfil de risco atual de cada candidato. Ao mesmo tempo, a otimização dos recursos financeiros é beneficiada, uma vez que estes são atribuídos de forma mais eficiente aos clientes com um perfil adequado, o que melhora a rentabilidade global das instituições financeiras (Ramírez & Chacón, 2011).

As redes neuronais oferecem uma alternativa poderosa para ultrapassar estes desafios, uma vez que têm a capacidade de aprender padrões ocultos nos dados e fazer previsões exactas mesmo em ambientes complexos e em mudança.

Além disso, as redes neuronais permitem uma melhoria substancial na avaliação do risco de crédito, uma vez que incorporam dados de várias fontes, incluindo dados financeiros tradicionais, historial de crédito e outros indicadores mais complexos, como o comportamento nas redes sociais e os padrões de consumo. Ao combinar e analisar estes factores, as redes neuronais podem gerar pontuações de risco mais precisas do que os métodos tradicionais, resultando numa avaliação mais justa e informada dos requerentes de crédito. Esta capacidade de integrar informações heterogéneas é particularmente valiosa nos dias de hoje, em que os clientes têm perfis financeiros cada vez mais diversificados e complexos.

As oportunidades oferecidas pelas redes neuronais no sector financeiro não se limitam apenas à avaliação de riscos e à deteção de fraudes, mas incluem também a otimização de processos operacionais. As redes neuronais estão bem adaptadas às exigências actuais do sector, que requer sistemas capazes de tomar decisões rápidas e precisas, oferecendo uma vantagem competitiva significativa. A capacidade de aprendizagem contínua das redes neuronais permite que os modelos sejam actualizados dinamicamente com novos dados, garantindo que as avaliações de risco permanecem relevantes e ajustadas às condições de mercado em mudança (Ramírez & Chacón, 2011).

No entanto, a implementação de redes neuronais também apresenta desafios significativos. Estes incluem a complexidade inerente aos modelos, que podem ser difíceis de interpretar, afectando a transparência na tomada de decisões. Este facto suscitou preocupações regulamentares, uma vez que as instituições financeiras devem poder explicar como e porquê foi tomada uma determinada decisão. A natureza de "caixa negra" das redes neuronais coloca um desafio em termos de confiança e de conformidade regulamentar, nomeadamente em situações em que é necessário justificar uma rejeição de crédito. Além disso, existe o risco de introduzir preconceitos nos modelos se os dados de treino não forem representativos ou forem tendenciosos, o que pode levar a decisões discriminatórias.

Apesar destes desafios, as oportunidades oferecidas pelas redes neuronais na gestão do risco de crédito são consideráveis. A sua capacidade para processar grandes volumes de dados, identificar padrões complexos e adaptar modelos em tempo real proporciona às instituições financeiras uma ferramenta poderosa para melhorar a qualidade das suas decisões, reduzir o risco e otimizar as suas operações. A chave para aproveitar estas oportunidades reside no equilíbrio entre a inovação tecnológica e as medidas destinadas a garantir a transparência, a equidade e a conformidade regulamentar, assegurando assim que as redes neuronais são utilizadas de forma responsável e ética.

O impacto da inteligência artificial na tomada de decisões financeiras

A incorporação da inteligência artificial (IA) e, em particular, das redes neuronais, transformou significativamente o sector financeiro.

A IA facilita a automatização de processos complexos, como a avaliação de riscos, a aprovação de pedidos de crédito e a gestão de carteiras de investimento, melhorando a eficiência, a exatidão e a rapidez das decisões (Ruiz & Basualdo, 2001). As redes neuronais, ao aprenderem padrões complexos a partir de grandes volumes de dados históricos, fornecem uma base sólida para a tomada de decisões informadas. Estas capacidades permitem antecipar problemas potenciais, como a probabilidade de incumprimento de empréstimos ou a deteção de comportamentos fraudulentos, que seriam difíceis de identificar utilizando métodos tradicionais (Sosa Sierra, 2007).

O impacto da IA estende-se a múltiplos aspectos do sector financeiro, nomeadamente na personalização dos serviços e na melhoria da gestão dos riscos. Na avaliação do risco de crédito, as redes neuronais permitem analisar simultaneamente uma grande variedade de dados, desde a informação financeira tradicional até dados alternativos, como o comportamento nas redes sociais e os padrões de consumo. Isto permite gerar modelos mais robustos e precisos, mais adaptados à evolução dos perfis dos consumidores e que oferecem uma visão mais detalhada e contextualizada de cada candidato a crédito. Além disso, a capacidade das redes neuronais para aprender e ajustar continuamente os seus modelos com novos dados torna-as extremamente úteis num ambiente financeiro dinâmico em que as condições macroeconómicas e os comportamentos dos clientes podem mudar rapidamente.

A IA também aumentou a eficiência operacional das instituições financeiras, automatizando tarefas anteriormente manuais e morosas, como a triagem de pedidos de crédito, a análise de documentos financeiros e a gestão do serviço de apoio ao cliente. Graças aos avanços no processamento da linguagem natural (PNL), os chatbots e os assistentes virtuais são agora capazes de fornecer apoio imediato e personalizado ao cliente, respondendo a questões frequentes e simplificando os processos. Isto não só melhora a experiência do cliente, como também liberta recursos humanos que podem ser redireccionados para tarefas mais complexas e de valor acrescentado.

Na otimização de carteiras, as redes neuronais ajudam a identificar correlações complexas entre diferentes activos e a gerar estratégias de investimento que maximizam os rendimentos e minimizam o risco. Esta abordagem adaptativa permite que os modelos sejam mais resistentes a flutuações inesperadas do mercado, proporcionando aos investidores ferramentas avançadas para a gestão dos seus activos. Ao analisar grandes volumes de dados históricos e macroeconómicos, as redes neuronais podem detetar padrões emergentes que indicam tendências em mudança, permitindo aos gestores de fundos ajustar proactivamente as suas estratégias.

No entanto, a implementação de redes neuronais no sector financeiro não está isenta de desafios. Um dos principais desafios é a falta de transparência, uma vez que estes modelos funcionam como uma "caixa negra", dificultando a interpretação dos resultados e a explicação das decisões tomadas. Em muitos casos, mesmo os programadores e os especialistas na matéria têm dificuldade em compreender como é que uma rede neural chegou a uma conclusão específica devido à complexidade das interações entre as suas múltiplas camadas e pesos. Isto é particularmente problemático no sector financeiro, onde a clareza e a responsabilidade são essenciais, especialmente quando se trata de decisões que afectam diretamente os consumidores, como a aprovação ou rejeição de um pedido de crédito. A falta de explicabilidade pode gerar desconfiança tanto entre os clientes como entre os reguladores, uma vez que os afectados precisam de compreender por que razão lhes é negado ou aprovado o crédito.

Outro grande desafio é o risco de enviesamento algorítmico. Se os dados utilizados para treinar a rede contiverem enviesamentos históricos, estes podem ser amplificados pela rede, conduzindo a decisões injustas ou discriminatórias. Por exemplo, se determinados grupos demográficos tiverem tido menos acesso ao crédito no passado, o modelo pode aprender este padrão e perpetuá-lo, discriminando automática e involuntariamente estes grupos. Este problema é particularmente relevante no contexto financeiro, onde o acesso equitativo ao crédito é crucial para a inclusão social e económica.

Além disso, a infraestrutura técnica necessária para treinar e operar redes neuronais em grande escala representa outro desafio. As redes neuronais profundas requerem uma enorme capacidade de processamento e armazenamento de dados, o que implica um investimento significativo em infra-estruturas tecnológicas. Esta necessidade de recursos computacionais pode constituir um obstáculo para algumas instituições financeiras, especialmente as de menor dimensão que não têm acesso a recursos tecnológicos avançados.

Por outro lado, a implementação de redes neuronais também enfrenta desafios relacionados com a conformidade regulamentar. Os ambientes regulamentares no sector financeiro são rigorosos e tendem a evoluir lentamente em comparação com o rápido desenvolvimento da tecnologia. Este facto cria um desfasamento entre o carácter inovador das redes neuronais e as restrições impostas pela regulamentação em vigor. As instituições financeiras têm de garantir que a utilização destas tecnologias está em conformidade com todas as regulamentações existentes, o que pode exigir um esforço considerável em termos de documentação, testes e justificação dos modelos utilizados.

Para ultrapassar estes desafios, é fundamental adotar abordagens que garantam a transparência e a equidade na utilização das redes neuronais. Tal inclui o desenvolvimento de técnicas de explicabilidade que permitam aos modelos de redes neuronais fornecer interpretações mais compreensíveis do modo como chegam às suas decisões. Ferramentas como a LIME (Local Interpretable Model-agnostic Explanations) e a SHAP (SHapley Additive exPlanations) são cada vez mais utilizadas para fornecer explicações locais das previsões, ajudando os utilizadores e as entidades reguladoras a compreender os factores que influenciaram uma decisão específica. Além disso, deve ser dada especial atenção à qualidade e à representatividade dos dados de formação para atenuar o risco de enviesamento, bem como à realização de auditorias regulares para avaliar o impacto dos modelos em diferentes grupos demográficos.

Apesar destes desafios, os benefícios das redes neuronais para o sector financeiro são consideráveis, desde que sejam implementadas de forma responsável e ética. A chave para aproveitar estas oportunidades reside no equilíbrio entre a inovação tecnológica e as medidas destinadas a garantir a transparência, a equidade e a conformidade regulamentar, assegurando assim que as redes neuronais sejam utilizadas de forma justa e eficaz, em benefício tanto das instituições financeiras como dos consumidores.

Capítulo 2: Fundamentos técnicos das redes neuronais para a gestão do crédito

Estrutura e funcionamento de uma rede neuronal

As redes neuronais artificiais (RNA) transformaram a avaliação do risco de crédito graças à sua capacidade de aprender e modelar padrões complexos em grandes volumes de dados. No contexto da gestão do crédito, o funcionamento de uma rede neuronal centra-se no processo de aprendizagem automática, que permite que os modelos se ajustem e melhorem continuamente à medida que são expostos a mais dados históricos e novos. Esta secção descreve o funcionamento das camadas de uma rede neural, salientando o seu impacto na gestão do risco de crédito e a sua capacidade de otimizar a eficiência e a precisão na tomada de decisões financeiras (Del Carpio Gallegos, 2005).

Camada de entrada

Num modelo de gestão do risco de crédito, os neurónios da camada de entrada podem representar variáveis como o historial de crédito do candidato, o rendimento mensal, a idade, o nível de educação, a profissão e outras caraterísticas demográficas relevantes (Perales Paz, 2024).

A configuração correta da camada de entrada é crucial para o desempenho da rede neuronal, uma vez que uma seleção inadequada das variáveis pode afetar negativamente a capacidade da rede para aprender padrões úteis. Por este motivo, as técnicas de pré-processamento de dados, como a normalização e a normalização, são frequentemente aplicadas antes da entrada na camada de entrada, a fim de melhorar a qualidade da aprendizagem e garantir que todas as variáveis contribuem adequadamente para o modelo. A qualidade dos dados fornecidos à camada de entrada determinará em grande medida a eficácia do modelo na previsão do risco de crédito.

Camadas ocultas

No contexto da gestão do risco de crédito, os níveis ocultos permitem uma análise aprofundada da forma como interagem as diferentes variáveis financeiras e pessoais dos requerentes de crédito. Por exemplo, estas camadas podem detetar padrões subtis nos comportamentos de pagamento dos clientes que podem indicar uma maior probabilidade de incumprimento. Além disso, através da utilização de algoritmos como a retropropagação de erros, a rede ajusta os seus pesos para minimizar a diferença entre o resultado previsto e o valor real, o que melhora a precisão do modelo ao longo do tempo (Pérez Ramírez & Fernández Castaño, 2007).

Camada de saída

Num contexto financeiro, a camada de saída pode ter um único neurónio se estiver a ser feita uma previsão contínua, como a estimativa de uma pontuação de crédito. Em alternativa, pode ter vários neurónios se o objetivo for classificar o candidato em diferentes categorias de risco, como "baixo risco", "risco médio" ou "alto risco" (Melchor Pérez et al., 2024). O resultado da rede é utilizado para a tomada de decisões, como a aprovação ou rejeição de um pedido de crédito, com base na avaliação do perfil do candidato.

O funcionamento conjunto destas três camadas permite que as redes neuronais sejam uma ferramenta poderosa para a gestão do risco de crédito. A camada de entrada facilita a recolha de dados relevantes, enquanto as camadas ocultas permitem uma análise profunda das interações não lineares entre estas variáveis, captando padrões complexos e caraterísticas ocultas que não seriam evidentes com os métodos tradicionais. Finalmente, a camada de saída sintetiza todas as informações processadas para produzir uma previsão ou classificação facilmente interpretável pelos sistemas de decisão financeira.

Este processo integrado permite que as redes neuronais analisem grandes volumes de dados e detectem relações complexas entre múltiplas variáveis, proporcionando às instituições financeiras a capacidade de fazer previsões mais exactas e informadas. Por exemplo, as redes podem identificar perfis de candidatos que têm uma elevada probabilidade de cumprir as suas obrigações financeiras ou que apresentam um maior risco de incumprimento. Esta capacidade de previsão é essencial não só para minimizar o risco financeiro, mas também para otimizar a atribuição de crédito, afectando recursos de forma eficiente e melhorando a rentabilidade da carteira de empréstimos. Além disso, ao aprenderem continuamente com dados históricos e novos, as redes neuronais adaptam-se à evolução das condições de mercado, permitindo às instituições financeiras manter modelos de avaliação actualizados e precisos.

Tipos de redes neuronais utilizadas na gestão do crédito

Existem vários tipos de redes neuronais utilizadas na gestão do crédito, cada uma com capacidades específicas para resolver problemas complexos, que são apresentados na **Figura 5**.

Figura 5: Tipos de redes neurais

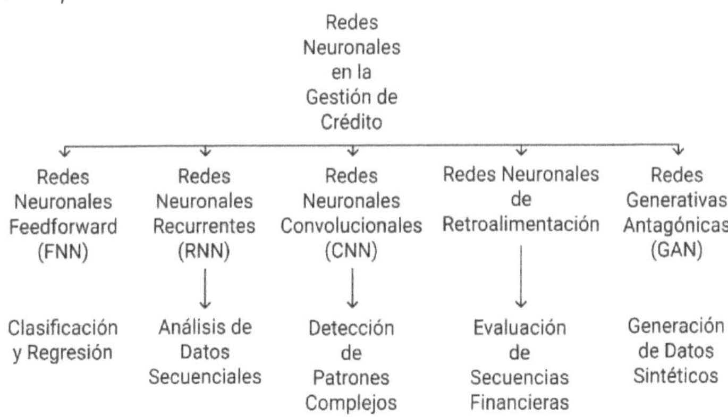

Fonte: Elaboração própria

Os principais tipos de redes neuronais aplicados no contexto do crédito:

Redes neurais feedforward (FNN)

As redes neuronais feedforward são as mais básicas e são utilizadas para tarefas de classificação e regressão no domínio do risco de crédito. Estas redes processam a informação apenas numa direção, da camada de entrada para a camada de saída, sem ciclos ou feedback. São úteis para prever a probabilidade de incumprimento de um candidato a crédito, classificando-o como de baixo, médio ou alto risco. Devido à sua estrutura simples, as redes feedforward são fáceis de treinar e oferecem boa interpretabilidade, o que é valioso para justificar decisões perante os reguladores financeiros.

Redes Neuronais Recorrentes (RNN)

As redes neuronais recorrentes são adequadas para a análise de dados sequenciais e de séries temporais. Na gestão do crédito, as RNN são úteis para analisar o comportamento financeiro de um cliente ao longo do tempo, considerando padrões históricos de pagamentos, transacções e outros eventos sequenciais. A sua arquitetura permite que a informação persista na rede, tornando as previsões dependentes do historial passado. Por exemplo, uma RNN pode ajudar a identificar se um cliente com um historial de pagamentos atempados está a mostrar sinais de possível incumprimento devido a alterações recentes no comportamento financeiro. No entanto, uma limitação das RNNs tradicionais é o problema do desvanecimento do gradiente, que dificulta a aprendizagem de dependências a longo prazo. Para ultrapassar este problema, são utilizadas variantes como a LSTM (Long Short-Term Memory) e a GRU (Gated Recurrent Unit), que melhoram a capacidade das RNN para captar padrões a longo prazo nos dados.

Redes Neuronais Convolucionais (CNN)

Embora as redes neuronais convolucionais sejam predominantemente utilizadas no reconhecimento de imagens e no processamento de dados espaciais, podem também ser adaptadas à gestão do crédito. No domínio financeiro, as CNN podem ser úteis para detetar padrões complexos em grandes volumes de dados de elevada dimensão. Por exemplo, uma CNN pode ser aplicada para identificar relações complexas entre várias caraterísticas dos requerentes de crédito que não são evidentes através da análise tradicional. As CNNs são capazes de captar correlações entre diferentes variáveis, fornecendo informações únicas que podem melhorar a precisão dos modelos preditivos.

Redes neurais de realimentação (Feedback Neural Networks)

As redes de feedback, também conhecidas como redes neuronais recorrentes em alguns contextos, têm ligações que permitem que a saída de determinados neurónios seja reintroduzida como entrada na(s) mesma(s) camada(s) ou na(s) anterior(es). Este feedback faz com que a rede tenha uma "memória" temporal, que é útil para avaliar a sequência de eventos financeiros no historial de um cliente. Na gestão do risco de crédito, esta capacidade de recordar padrões anteriores é particularmente valiosa para prever o comportamento futuro com base em acções passadas.

Redes Neurais Adversariais Generativas (GAN)

As GAN são um tipo de rede neural que consiste em duas redes concorrentes: uma rede geradora e uma rede discriminadora. Embora as GAN não sejam diretamente utilizadas para classificar os riscos de crédito, podem ser utilizadas para gerar dados sintéticos para complementar os conjuntos de dados de formação. No contexto da gestão do crédito, tal pode ser útil quando estão disponíveis poucos dados rotulados, permitindo melhorar a qualidade da formação de outros modelos de redes neuronais.

Cada um destes tipos de redes tem aplicações específicas na gestão do crédito, e a seleção do tipo adequado depende da natureza dos dados e do problema específico a resolver. A combinação de diferentes tipos de redes é também uma prática comum para tirar partido dos pontos fortes de cada uma delas e melhorar a exatidão e a robustez das previsões.

Algoritmos de aprendizagem supervisionada e não supervisionada

No contexto da gestão do risco de crédito, os algoritmos de aprendizagem supervisionada e não supervisionada desempenham um papel crucial na melhoria da exatidão dos modelos preditivos e na avaliação mais pormenorizada dos perfis de risco dos candidatos. De seguida, são discutidos os fundamentos e as aplicações de ambos os tipos de aprendizagem no domínio da gestão do crédito.

Aprendizagem supervisionada

A aprendizagem supervisionada é um tipo de algoritmo em que o modelo aprende a partir de um conjunto de dados rotulado, ou seja, cada exemplo de treino é acompanhado por um resultado ou rótulo desejado. No domínio do crédito, isto pode significar que o conjunto de dados contém informações de candidatos anteriores, juntamente com uma etiqueta que indica se o crédito foi reembolsado com êxito ou se houve um incumprimento. Através destes dados rotulados, o modelo aprende a estabelecer relações entre as caraterísticas do requerente (por exemplo, rendimento, idade, historial de crédito) e o resultado pretendido (reembolso ou incumprimento).

Alguns dos algoritmos de aprendizagem supervisionada mais comuns utilizados na gestão do crédito são os seguintes

- **Regressão logística**: Este é um dos métodos mais utilizados na avaliação do risco de crédito devido à sua simplicidade e capacidade de interpretar relações lineares entre variáveis. Embora seja mais simples do que outros métodos, continua a ser uma ferramenta eficaz para classificar os candidatos como de alto ou baixo risco. Para além disso, a regressão logística permite o cálculo de probabilidades, o que é muito útil para determinar o grau de risco associado a cada candidato, fornecendo assim uma base quantitativa para a tomada de decisões. Esta interpretabilidade é fundamental para que as instituições financeiras possam justificar as suas decisões perante as entidades reguladoras e garantir a transparência dos processos de avaliação de crédito.

. **Árvores de decisão e Random Forest**: Estes algoritmos criam um modelo baseado numa série de regras de decisão, que são úteis para identificar relações não lineares nos dados. As árvores de decisão permitem a visualização das decisões e das suas possíveis consequências, o que facilita a interpretação e a justificação das decisões tomadas. As florestas aleatórias, em particular, são um conjunto de árvores de decisão que permitem uma maior precisão através da utilização da média de várias árvores, reduzindo assim o risco de sobreajuste. Além disso, as florestas aleatórias são menos sensíveis a valores atípicos e oferecem uma maior robustez a dados ruidosos, o que é essencial na avaliação do risco de crédito, em que os dados apresentam frequentemente variabilidade.

- **Redes neurais**: Utilizando uma arquitetura feedforward, as redes neurais são também aplicadas na aprendizagem supervisionada para prever a probabilidade de incumprimento. Estas redes permitem a integração de um grande número de variáveis e captam padrões complexos que não podem ser detetados por métodos mais simples (Montalván, 2019). Além disso, as redes neuronais têm a capacidade de aprender representações não lineares dos dados, o que é especialmente útil quando existem interações complexas entre as caraterísticas dos candidatos. Isto permite-lhes fornecer previsões mais exactas em comparação com os modelos tradicionais, proporcionando assim uma vantagem significativa na avaliação do risco de crédito.

A utilização da aprendizagem supervisionada facilita a construção de modelos precisos que podem prever a probabilidade de incumprimento com base em padrões históricos. No entanto, um dos desafios desta abordagem é a necessidade de uma grande quantidade de dados rotulados, que podem ser dispendiosos e difíceis de obter, especialmente quando são necessários dados recentes representativos do comportamento atual do mercado (Perales Paz, 2024).

Aprendizagem não supervisionada

A aprendizagem não supervisionada, ao contrário da aprendizagem supervisionada, não requer dados rotulados. Em vez de aprender uma relação entre as variáveis de entrada e um rótulo conhecido, a aprendizagem não supervisionada procura identificar padrões e estruturas ocultas nos dados sem informação prévia sobre os resultados desejados. No domínio da gestão do crédito, este tipo de aprendizagem pode ser utilizado para segmentar os requerentes de crédito em diferentes grupos com base em semelhanças de comportamento e caraterísticas demográficas.

Alguns dos algoritmos de aprendizagem não supervisionada mais utilizados na gestão do crédito incluem

- **Agrupamento**: Algoritmos como o K-means ou o DBSCAN permitem agrupar os requerentes de crédito em segmentos de acordo com caraterísticas comuns. Por exemplo, podem ser identificados grupos de requerentes com perfis semelhantes, o que é útil para oferecer produtos financeiros personalizados ou para identificar riscos potenciais. O método K-means é eficaz para agrupar grandes volumes de dados em clusters homogéneos, enquanto o método DBSCAN é particularmente útil para detetar padrões na presença de ruído ou de valores atípicos, o que é crucial na gestão do crédito, em que a qualidade dos dados pode ser variável. Além disso, a utilização de agrupamentos permite a identificação de subgrupos que apresentam riscos específicos, facilitando uma gestão proactiva e personalizada dos riscos.

. **Análise de componentes principais (PCA)**: Esta técnica de redução da dimensionalidade permite simplificar grandes conjuntos de dados, eliminando a redundância, o que facilita a identificação de padrões importantes sem perder demasiada informação. Na gestão do crédito, a PCA é utilizada para reduzir o número de variáveis e tornar o modelo mais eficiente. Além disso, a ACP ajuda a melhorar a velocidade de treino do modelo e a reduzir o risco de sobreajuste, uma vez que trabalhar com menos variáveis relevantes minimiza a complexidade do modelo e evita que este se ajuste excessivamente aos dados de treino. Isto é particularmente valioso na gestão do crédito, onde são tratados grandes volumes de dados e é essencial identificar as caraterísticas mais influentes para a tomada de decisões.

A aprendizagem não supervisionada é particularmente valiosa quando se trabalha com dados não estruturados ou quando não se sabe a priori quais são as caraterísticas mais relevantes para análise. Na gestão do risco de crédito, permite a descoberta de clusters ou padrões emergentes que podem não ter sido considerados anteriormente, o que pode melhorar significativamente a segmentação dos clientes e a personalização das ofertas (Hernández e Vásquez, 2023). Além disso, ao identificar padrões ocultos nos dados, a aprendizagem não supervisionada facilita a identificação de novos factores de risco que podem não ser evidentes a olho nu, permitindo uma avaliação de risco mais proactiva e precisa. Este facto ajuda as instituições financeiras a desenvolver estratégias adaptativas para diferentes perfis de clientes e a melhorar a eficácia das políticas de redução do risco.

Comparação e aplicação combinada

Embora a aprendizagem supervisionada e não supervisionada sejam utilizadas para fins diferentes, ambas podem ser complementares no contexto da gestão do crédito. Por exemplo, a aprendizagem não supervisionada pode ser utilizada primeiro para segmentar os clientes em grupos com base em caraterísticas comuns e, em seguida, a aprendizagem supervisionada pode ser utilizada para criar modelos preditivos específicos para cada grupo. Esta combinação melhora a precisão dos modelos e permite oferecer produtos financeiros mais adequados às necessidades e perfis de cada segmento de clientes.

A utilização destes algoritmos na gestão do crédito permitiu às instituições financeiras melhorar tanto a exatidão como a eficiência das suas decisões. No entanto, a correta aplicação destes métodos requer uma infraestrutura tecnológica adequada e o acesso a dados de qualidade, bem como um conhecimento profundo das limitações e dos potenciais enviesamentos que os modelos podem introduzir. A combinação de ambos os tipos de aprendizagem, juntamente com técnicas avançadas de pré-processamento de dados, é uma das estratégias mais eficazes para otimizar a avaliação do risco de crédito e assegurar uma gestão responsável dos recursos financeiros (Fernández e Torres, 2024).

Pré-processamento de dados e sua importância na previsão de riscos.

O pré-processamento de dados é uma fase fundamental na construção de modelos de aprendizagem automática, particularmente na gestão do risco de crédito, em que a qualidade dos dados tem um impacto direto na precisão das previsões. Antes de treinar um modelo, os dados devem ser limpos, transformados e normalizados para garantir que o modelo possa aprender com eles da forma mais eficaz possível. Abaixo estão alguns dos principais processos envolvidos no pré-processamento de dados e sua importância na previsão de risco de crédito.

Limpeza de dados

A limpeza dos dados é uma das primeiras e mais importantes etapas do pré-processamento. Os dados dos pedidos de crédito podem conter valores em falta, duplicações, erros tipográficos ou inconsistências nos formatos, o que pode afetar negativamente o desempenho do modelo. Para resolver este problema, são utilizadas técnicas como a imputação de valores em falta (que pode ser feita através de métodos estatísticos ou de modelização preditiva), a eliminação de duplicações e a correção de erros tipográficos. Além disso, podem ser aplicadas verificações de integridade para garantir a coerência entre diferentes fontes de dados. Estas etapas são essenciais para garantir que o modelo é treinado com informações exactas e representativas da realidade, reduzindo assim a possibilidade de enviesamento e melhorando a qualidade global do modelo (García López, 2024).

Padronização e normalização

Os dados utilizados nos modelos de risco de crédito têm frequentemente escalas diferentes. Por exemplo, o rendimento anual de um candidato pode variar entre milhares e milhões, enquanto a sua idade é medida em dezenas. Para evitar que as caraterísticas com valores maiores dominem o processo de formação, são aplicadas técnicas de normalização e padronização para colocar todos os valores numa escala comparável. Isto melhora a eficiência do modelo e permite que as caraterísticas relevantes tenham um peso justo nas decisões de previsão (Rodriguez e Martinez, 2023).

Transformação de caraterísticas

Nalguns casos, as variáveis originais devem ser transformadas para que possam ser utilizadas eficazmente pelos algoritmos de aprendizagem automática. Por exemplo, as caraterísticas categóricas, como o estado civil ou a profissão do candidato, devem ser convertidas num formato numérico, utilizando técnicas como a codificação de um ponto. Além disso, podem ser criadas novas caraterísticas a partir das existentes (engenharia de caraterísticas) para fornecer ao modelo informações mais relevantes. Este processo ajuda a destacar padrões que podem não ser evidentes nos elementos originais e, por conseguinte, melhora a capacidade do modelo para prever o risco (Hernández e Vásquez, 2023).

Gestão de desequilíbrios de dados

Na gestão do risco de crédito, o conjunto de dados pode ser desequilibrado, ou seja, o número de requerentes que entraram em incumprimento no passado é frequentemente muito inferior ao número dos que cumpriram os seus pagamentos. Este desequilíbrio pode enviesar o modelo para a classe maioritária, tornando-o menos eficaz na identificação de potenciais incumpridores. Para resolver este problema, são utilizadas técnicas como a sobreamostragem da classe minoritária, a subamostragem da classe maioritária ou a utilização de algoritmos específicos que têm em conta o desequilíbrio, o que ajuda a melhorar a capacidade do modelo para identificar corretamente os clientes de alto risco (Fernandez e Torres, 2024).

Importância do pré-processamento na previsão de riscos

O pré-processamento de dados não só melhora a qualidade dos dados utilizados pelos modelos, como também contribui significativamente para a exatidão e robustez das previsões. No contexto do risco de crédito, um bom pré-processamento pode fazer a diferença entre um modelo que identifica corretamente os requerentes com elevado risco de incumprimento e um modelo que produz resultados enviesados ou incorrectos. Além disso, ao normalizar

dados e gerir os desequilíbrios, o pré-processamento garante que o modelo é mais justo e equitativo, minimizando o risco de discriminação ou de decisões erradas que podem ter consequências financeiras significativas tanto para a instituição como para os candidatos (Perales Paz, 2024).

O pré-processamento também facilita a redução da dimensionalidade dos dados, o que é crucial para otimizar o desempenho do modelo e evitar o sobreajuste. A remoção de caraterísticas redundantes ou irrelevantes permite que o modelo se concentre nas variáveis que efetivamente fornecem valor preditivo, o que melhora tanto a precisão como a velocidade do processo de formação. Além disso, ao garantir a qualidade e a consistência dos dados, o pré-processamento contribui para uma maior interpretabilidade do modelo, permitindo que os analistas financeiros e os decisores compreendam melhor as razões subjacentes às previsões e actuem em conformidade. Isto não só aumenta a confiança no modelo, como também permite uma melhor comunicação dos resultados às partes interessadas, incluindo reguladores e clientes.

Avaliação dos modelos de redes neuronais no contexto do crédito

A avaliação dos modelos de redes neuronais no contexto do risco de crédito é uma etapa crucial para garantir que as previsões efectuadas pelos modelos são exactas, fiáveis e aplicáveis em ambientes financeiros reais. Algumas das abordagens e métricas mais relevantes para avaliar a eficácia dos modelos de redes neuronais na gestão do risco de crédito são descritas a seguir.

Métricas de avaliação

As métricas de avaliação são utilizadas para medir o desempenho dos modelos de redes neuronais na classificação dos candidatos a crédito. As métricas comuns incluem:

. **Precisão**: A precisão mede a proporção de previsões corretas em relação ao total de previsões efectuadas. Embora a exatidão seja uma métrica útil, no contexto do risco de crédito pode ser enganadora se o conjunto de dados for desequilibrado, uma vez que um modelo que preveja sempre a classe maioritária pode ter uma exatidão elevada sem ser útil. Além disso, a exatidão não fornece informações sobre os tipos de erros cometidos, tais como os falsos positivos ou os falsos negativos, que são particularmente relevantes na análise do risco de crédito, uma vez que cada tipo de erro tem implicações financeiras e operacionais diferentes para a instituição.

. **Matriz** de confusão: A matriz de confusão é uma ferramenta que permite avaliar o desempenho do modelo em termos de verdadeiros positivos, verdadeiros negativos, falsos positivos e falsos negativos. Isto ajuda a compreender melhor os erros cometidos pelo modelo e a identificar possíveis áreas de melhoria. Além disso, a matriz de confusão fornece uma visão detalhada da forma como o modelo classifica os diferentes casos, permitindo uma análise específica do tipo de erros que ocorrem com maior frequência. Isto é fundamental no ambiente de concessão de crédito, onde a minimização de falsos positivos e falsos negativos tem um impacto direto na eficiência e rentabilidade da instituição financeira.

. **Precisão e recuperação**: A precisão indica quantos dos casos previstos como positivos o são efetivamente, enquanto a recuperação mede quantos dos casos positivos reais foram corretamente identificados pelo modelo. No contexto do risco de crédito, estas métricas ajudam a avaliar quantos clientes de alto risco foram corretamente identificados, bem como o custo potencial de não identificar alguns deles. Um valor elevado de exatidão reduz o número de falsos positivos, o que é crucial para evitar a concessão de empréstimos a clientes que não serão capazes de cumprir as suas obrigações. Por outro lado, um valor elevado de rechamada garante que a maioria dos clientes de alto risco é identificada, minimizando o risco de incumprimentos não detectados. Estas métricas, quando utilizadas em conjunto, atingem o equilíbrio correto entre a minimização do risco de crédito e a maximização das hipóteses de concessão de crédito a bons candidatos.

. **Curva ROC e AUC (Area Under the Curve)**: A curva ROC mostra a relação entre a taxa de verdadeiros positivos e a taxa de falsos positivos em diferentes limiares de decisão. A AUC (Area Under the Curve) mede a capacidade do modelo para distinguir entre as classes positivas e negativas. Um valor AUC elevado indica que o modelo tem uma boa capacidade para distinguir entre os requerentes que cumprem os seus pagamentos e os que não cumprem.

- **Fl-Score**: A pontuação F1 é a média harmónica entre a precisão e a recuperação. Essa métrica é especialmente útil quando há um desequilíbrio significativo entre as classes, pois fornece uma avaliação mais equilibrada do desempenho do modelo.

Figura 6: Avaliação dos modelos de risco de crédito

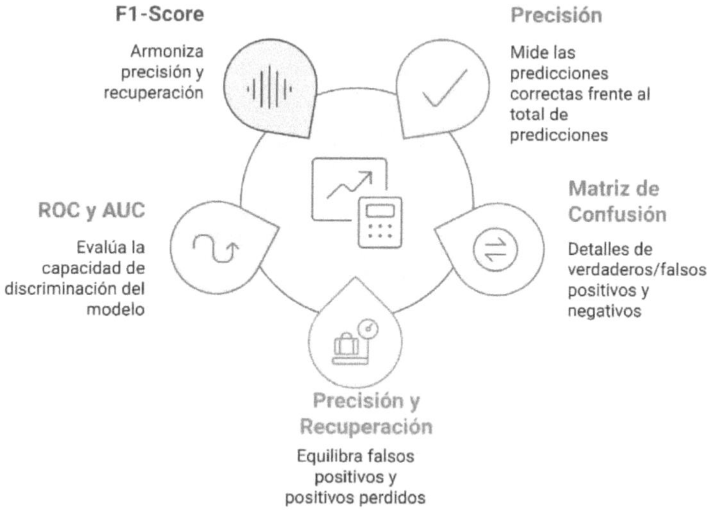

Fonte: Elaboração própria

Validação cruzada

A validação cruzada é uma técnica utilizada para avaliar a robustez do modelo e a sua capacidade de generalização a novos dados. Na gestão do risco de crédito, a validação cruzada é utilizada para dividir o conjunto de dados em várias partições, treinando o modelo em algumas delas e avaliando-o noutras. Isto assegura que o desempenho do modelo não apenas de uma partição específica dos dados, aumentando assim a confiança na sua generalização.

Importância da interpretabilidade

No contexto financeiro, a interpretabilidade dos modelos é um aspeto fundamental na avaliação das redes neuronais. As instituições financeiras devem ser capazes de explicar porque é que um modelo tomou uma determinada decisão, especialmente quando um empréstimo é recusado. Para melhorar a interpretabilidade, podem ser utilizadas técnicas como a LIME (Local Interpretable Model-agnostic Explanations) e a SHAP (SHapley Additive exPlanations) para analisar o impacto de cada caraterística nas previsões do modelo. Isto não só facilita a conformidade regulamentar, como também aumenta a confiança dos clientes e de outras partes interessadas na transparência do processo de avaliação de crédito.

Testes de stress e de robustez

Os modelos de redes neuronais utilizados na gestão do risco de crédito devem ser avaliados não só em termos de exatidão e desempenho, mas também em termos da sua robustez face a situações adversas. Os testes de esforço consistem em submeter o modelo a cenários extremos, como crises económicas ou alterações bruscas nos perfis dos requerentes, para verificar o seu desempenho em condições desfavoráveis. Estes testes são essenciais para garantir que o modelo é capaz de manter um desempenho aceitável mesmo em circunstâncias imprevistas, assegurando assim a estabilidade da instituição financeira.

Custo dos erros de classificação

Na avaliação dos modelos de redes neuronais para o risco de crédito, é importante ter em conta o custo associado aos erros de classificação. Nem todos os erros têm o mesmo impacto: um falso positivo (aprovar um empréstimo a um cliente que não pode pagar) tem consequências financeiras diferentes de um falso negativo (rejeitar um cliente que poderia ter cumprido as suas obrigações). Por conseguinte, a avaliação deve incluir uma análise de custos para minimizar o impacto financeiro dos erros cometidos pelo modelo e para garantir uma tomada de decisão óptima para a instituição.

A avaliação exaustiva dos modelos de redes neuronais no contexto do crédito garante que são exactos, interpretáveis, robustos e eficientes na previsão do risco. Este facto não só melhora a qualidade das decisões de crédito, como também contribui para a estabilidade financeira da instituição e para uma melhor experiência do cliente.

Capítulo 3: Implementação e desafios da utilização de redes neuronais na gestão do crédito

Como implementar uma rede neural nos sistemas de crédito

A implementação de redes neuronais em sistemas de crédito exige uma combinação de conhecimentos técnicos e práticos, bem como uma infraestrutura adequada. Tal inclui o hardware necessário para tratar grandes volumes de dados e as plataformas de software para implementar e otimizar eficazmente os modelos. Além disso, é essencial uma equipa multidisciplinar que inclua peritos em ciência dos dados, engenheiros de software e especialistas em crédito, para garantir que todas as fases do processo sejam adequadamente tratadas, como mostra a figura abaixo.

Figura 7: Implementação de redes neurais em sistemas de crédito

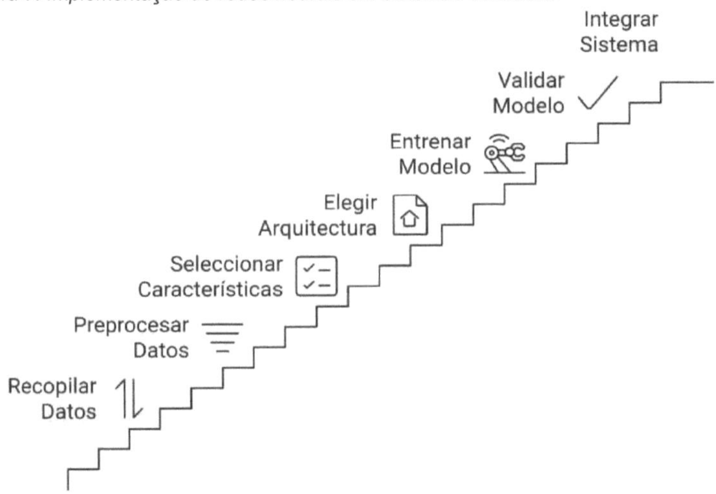

Fonte: Elaboração própria

Para começar, o problema a resolver deve ser claramente definido, quer se trate da previsão de incumprimentos, da classificação de clientes, da estimativa de riscos ou mesmo da identificação de padrões de comportamento anómalo. Esta definição deve envolver peritos técnicos e financeiros para garantir que os objectivos do modelo são coerentes com as necessidades da empresa.

De seguida, é essencial recolher dados históricos sobre os requerentes de crédito, que servirão de base para o treino do modelo. Estes dados devem ser abrangentes e incluir caraterísticas financeiras, demográficas e comportamentais, como o rendimento, o historial de crédito, os padrões de pagamento, o nível de endividamento e as relações anteriores com a instituição financeira (Villamil Bahamón, 2013). É também importante considerar a inclusão de dados alternativos, como o comportamento nas redes sociais ou os padrões de utilização de serviços públicos, que podem complementar a avaliação tradicional do risco de crédito.

O processo de recolha de dados deve seguir protocolos de qualidade rigorosos para garantir que a informação é fiável e representativa. Isto envolve a climinação de valores anómalos ou inconsistentes, a imputação de valores em falta e a normalização de variáveis para garantir a consistência entre os diferentes conjuntos de dados utilizados.

O primeiro passo é pré-processar os dados, garantindo que estão limpos, normalizados e sem valores inconsistentes. Este processo envolve várias etapas fundamentais, como a imputação de valores em falta, a remoção de dados duplicados e a transformação de variáveis categóricas em formatos adequados ao processamento pela rede neural, como a codificação de um ponto. Também é importante normalizar os dados para garantir que todas as variáveis estejam na mesma escala, o que facilita o treinamento do modelo e evita que algumas caraterísticas dominem sobre outras devido à sua classificação numérica.

Subsequentemente, deve ser efectuada uma seleção de caraterísticas para reduzir a dimensionalidade do conjunto de dados e manter apenas as variáveis mais relevantes. Isto pode envolver a utilização de técnicas como a análise de componentes principais (PCA) ou a seleção baseada na importância das caraterísticas. A qualidade do pré-processamento tem um impacto significativo na exatidão e generalização do modelo.

Uma vez concluído o pré-processamento, a arquitetura da rede neural mais adequada é escolhida em função do problema: uma rede feedforward para problemas básicos de classificação ou uma rede recorrente para captar padrões temporais nos dados relativos ao comportamento de pagamento. Nalguns casos, as redes neuronais convolucionais (CNN) podem ser utilizadas para extrair caraterísticas complexas, especialmente quando os dados de entrada têm alguma estrutura espacial, como é o caso da análise de documentos financeiros digitalizados (Basogain Olabe, 2014). A seleção da arquitetura é uma etapa crítica, uma vez que deve estar alinhada com o tipo de dados e o objetivo da análise para maximizar a eficiência e a precisão do modelo.

Uma vez concebida a arquitetura, o modelo é treinado utilizando algoritmos de otimização, como o gradiente descendente, e funções de custo, como a entropia cruzada, para ajustar os pesos da rede. O treino envolve a alimentação de dados ao modelo e o ajuste dos pesos em cada iteração para minimizar a diferença entre as previsões e os valores reais. Este processo é efectuado através de várias épocas, o que permite ao modelo aprender padrões complexos ao longo do tempo.

A implementação também requer a seleção de hiperparâmetros óptimos, tais como o número de camadas ocultas, o número de neurónios por camada, a taxa de aprendizagem, o tamanho do lote e o número de épocas. A escolha destes hiperparâmetros é crucial para obter um bom desempenho do modelo. Por exemplo, uma taxa de aprendizagem demasiado elevada pode levar o modelo a não convergir corretamente, enquanto uma taxa demasiado baixa pode resultar numa formação excessivamente lenta.

Outro aspeto importante é a utilização de técnicas de regularização, como a regularização L2 ou o dropout, para evitar o sobreajuste, que ocorre quando o modelo aprende demasiado bem os pormenores e o ruído dos dados de treino, perdendo assim a generalização. A regularização L2 acrescenta um termo de penalização ao custo total do modelo que depende da magnitude dos pesos, o que ajuda a manter os pesos sob controlo e evita uma complexidade excessiva do modelo. Por outro lado, o abandono envolve a desativação aleatória de neurónios durante o treino, o que obriga o modelo a ser mais robusto e menos dependente de neurónios específicos.

A utilização da validação cruzada também é essencial para avaliar o desempenho do modelo e ajustar iterativamente os hiperparâmetros para obter o melhor desempenho possível sem incorrer em sobreajuste. Em particular, a validação cruzada k-fold é uma técnica amplamente utilizada, em que o conjunto de dados é dividido em k subconjuntos e o modelo é treinado k vezes, utilizando um subconjunto diferente para validação de cada vez. Isto permite uma avaliação mais robusta e garante que o modelo tem um bom desempenho em diferentes divisões do conjunto de dados.

Para além destas técnicas, podem ser implementados métodos como a paragem antecipada, que interrompe o treino quando o desempenho no conjunto de validação deixa de melhorar, evitando assim que o modelo continue a ajustar-se ao ruído nos dados. Todas estas técnicas combinadas permitem construir um modelo que não só tem um bom desempenho nos dados de treino, mas também generaliza bem para novos dados, o que é crucial no contexto da gestão do risco de crédito.

O processo de formação pode também beneficiar da utilização de técnicas avançadas, como o ajuste dinâmico da taxa de aprendizagem, utilizando algoritmos como o Adam (Adaptive Moment Estimation) ou o RMSprop (Root Mean Square Propagation). Estes algoritmos ajustam a taxa de aprendizagem durante o processo de formação, o que permite ao modelo convergir mais rapidamente e evitar ficar preso em mínimos locais. O Adam combina as vantagens da descida de gradiente com a adaptabilidade do momento e da taxa de aprendizagem, enquanto o RMSprop adapta o tamanho do passo com base na média dos gradientes recentes, o que é particularmente útil em problemas com elevada variabilidade.

Além disso, a inicialização correta dos pesos é essencial para acelerar a convergência e evitar problemas como o desvanecimento ou a explosão do gradiente, especialmente em redes profundas. Técnicas como a inicialização Xavier ou a inicialização He permitem-nos distribuir os pesos de forma óptima, favorecendo um fluxo constante de gradientes ao longo da rede.

A monitorização constante das métricas de desempenho, como a perda e a exatidão, durante a formação, permite identificar precocemente os problemas e efetuar os ajustes necessários à arquitetura ou aos hiperparâmetros. Isto também inclui a monitorização das métricas de validação para detetar se o modelo está a começar a ajustar-se excessivamente aos dados de treino. Ao identificar proactivamente estes problemas, podem ser implementadas estratégias como a modificação da taxa de aprendizagem, o ajuste do número de camadas ocultas ou a aplicação de técnicas de regularização adicionais para melhorar o desempenho global do modelo (Pérez Ramírez & Fernández Castaño, 2007).

Por último, o modelo treinado deve ser integrado no sistema de gestão de crédito, garantindo que pode ser acedido em tempo real para tomar decisões sobre os pedidos de crédito. Esta integração deve ser robusta e garantir a segurança dos dados, uma vez que a informação financeira é altamente sensível (Ladino Becerra, 2014). É fundamental que a integração seja feita tendo em vista a eficiência operacional e a escalabilidade do sistema, permitindo que o modelo possa tratar um volume crescente de pedidos sem perda de desempenho.

Para garantir uma integração bem sucedida, devem ser tidas em conta várias boas práticas, como mostra a figura:

Figura 8: Integração bem sucedida de modelos

Fonte: Elaboração própria

- **Testes de integração exaustivos**: Realizar testes exaustivos para garantir que o modelo funcionará corretamente quando integrado nos sistemas existentes. Isto inclui testes de esforço para garantir que o sistema pode lidar com grandes volumes de pedidos.

. **Monitorização em tempo real**: implementar ferramentas de monitorização para verificar o desempenho do modelo em produção. Isto ajudará a identificar rapidamente quaisquer problemas ou anomalias que possam surgir durante a utilização do modelo em situações reais.

- **Manutenção e atualização regulares**: Prever a atualização regular do modelo para garantir que continua a ser relevante para as mudanças no comportamento dos candidatos ou nas condições de mercado.
- **Gestão de registos e rastreabilidade**: Implemente um sistema de registo detalhado de todas as previsões efectuadas pelo modelo. Isto não só ajuda a monitorizar o desempenho, como também proporciona uma rastreabilidade essencial em

caso de auditorias ou análises posteriores.

- **Controlos de segurança e privacidade**: Assegurar que o sistema cumpre todos os requisitos de segurança e privacidade dos dados, incluindo a cifragem de informações sensíveis e uma autenticação forte para impedir o acesso não autorizado.
- **Interfaces de programação de aplicações (API) bem concebidas**: Utilizar API bem concebidas e documentadas para integrar eficazmente o modelo noutros sistemas do fluxo de trabalho do crédito, assegurando uma comunicação fluida e reduzindo a possibilidade de erros.
- **Redundância e failover**: Implementar mecanismos de redundância e failover para garantir que o sistema é resiliente e pode continuar a funcionar mesmo em caso de problemas técnicos.
- **Avaliação contínua do desempenho**: Manter um ciclo constante de avaliação do desempenho do modelo, utilizando as métricas de exatidão, recordação e pontuação F1. Isto permitirá efetuar ajustes atempados ao modelo para manter a sua eficácia.

Desafios e limitações na implementação de redes neuronais

A implementação de redes neuronais na gestão do crédito não está isenta de desafios e limitações, muitos dos quais afectam tanto a viabilidade como a eficácia destes modelos. Um dos principais desafios é a qualidade e a quantidade de dados. As redes neuronais requerem grandes volumes de dados para serem corretamente treinadas, e esses dados devem ser de elevada qualidade para garantir a precisão do modelo. Para que os modelos de redes neuronais sejam eficazes, é essencial dispor de dados que representem com exatidão as caraterísticas e os comportamentos dos requerentes de crédito. A qualidade dos dados implica não só a ausência de erros, mas também a pertinência e a atualidade das informações utilizadas. No contexto do crédito, a recolha de dados fiáveis e completos pode ser um desafio, uma vez que depende frequentemente de múltiplas fontes que podem ter inconsistências, dados em falta, ou mesmo enviesamentos inerentes aos sistemas de recolha (Villamil Bahamón, 2013).

Além disso, os dados devem ser suficientemente diversificados para captar uma grande variedade de perfis de candidatos a crédito. A falta de diversidade nos dados de treino pode levar a modelos que não são bem generalizados, especialmente quando confrontados com pedidos de crédito de populações que não estavam bem representadas nos dados iniciais. Por exemplo, se os dados de formação forem tendenciosos para um grupo específico de requerentes, como os que têm rendimentos elevados ou residem em zonas urbanas, o modelo resultante pode não ser capaz de avaliar corretamente os requerentes com rendimentos mais baixos ou provenientes de zonas rurais. Isto resulta em decisões financeiras potencialmente injustas e discriminatórias.

Este desafio é agravado quando existem restrições à disponibilidade de dados históricos, seja devido à falta de digitalização, à natureza fragmentada dos dados financeiros ou à falta de acesso a determinados segmentos de dados devido a políticas de privacidade. Além disso, os dados de certos grupos minoritários ou marginalizados podem não estar disponíveis ou ser insuficientes, o que aumenta o risco de o modelo desenvolver um enviesamento sistemático. A diversidade dos dados deve também ter em conta factores como o sexo, a etnia, a localização geográfica e o estatuto socioeconómico, a fim de garantir que o modelo tem uma abordagem inclusiva e equitativa da avaliação do risco de crédito.

Para resolver este problema, é crucial implementar estratégias de recolha de dados mais inclusivas que tenham em conta a diversidade dos perfis dos candidatos. Isto pode incluir a colaboração com organizações de base comunitária e a utilização de dados alternativos que possam representar melhor as populações sub-representadas. Além disso, as técnicas de aumento de dados, que implicam a geração de dados sintéticos para equilibrar as diferenças nas amostras de formação, podem ser utilizadas para reduzir os enviesamentos e melhorar a capacidade de generalização do modelo a diferentes perfis de candidatos.

A integração de fontes de dados alternativas, como a informação das redes sociais, os padrões de consumo ou o comportamento financeiro não tradicional, poderia melhorar a qualidade e a diversidade dos dados. As redes sociais, por exemplo, podem fornecer informações em tempo real sobre o comportamento e o estatuto socioeconómico dos candidatos, tais como alterações no emprego, actividades recentes ou padrões de consumo. No entanto, a utilização desses dados apresenta desafios consideráveis em matéria de privacidade, uma vez que a recolha e utilização de dados das redes sociais pode violar a confidencialidade dos utilizadores se não for devidamente gerida. Além disso, existem preocupações quanto à validade destes dados, uma vez que a informação nas redes sociais pode ser manipulada ou não representar exatamente o comportamento financeiro real de uma pessoa.

Outro desafio importante é a coerência e a normalização dos dados provenientes de múltiplas fontes. Fontes alternativas, como dados de transacções móveis, dados de sensores IoT (Internet das Coisas) ou mesmo dados sobre o comportamento de navegação em linha, podem fornecer informações valiosas sobre os padrões de comportamento dos requerentes de crédito. No entanto, estes dados encontram-se frequentemente em formatos muito variados e precisam de ser unificados para serem utilizados eficazmente na modelação preditiva. Isto requer um processo intensivo de transformação e limpeza de dados para garantir que toda a informação é compatível e está alinhada com os objectivos do modelo.

Além disso, os dados alternativos também devem ser validados para garantir a fiabilidade e evitar a introdução de ruído no modelo, o que poderia diminuir o seu desempenho. Estes desafios devem ser resolvidos através de um pré-processamento e validação rigorosos dos dados, garantindo que cada fonte é fiável e contribui positivamente para o desempenho do modelo. A utilização de técnicas de validação cruzada e o envolvimento de peritos humanos para verificar a qualidade dos dados recolhidos são estratégias essenciais para mitigar os riscos associados à integração destas novas fontes.

Um desafio significativo relacionado com a implementação de redes neuronais é a complexidade computacional, especialmente no caso de redes profundas com várias camadas ocultas. O treino destas redes pode ser extremamente dispendioso em termos de tempo e de recursos computacionais, uma vez que requerem uma grande quantidade de processamento para afinar os milhões de parâmetros envolvidos. Este facto representa um obstáculo considerável para as instituições financeiras de pequena ou média dimensão que não dispõem da infraestrutura tecnológica necessária, como servidores com GPU ou acesso a plataformas de computação em nuvem, para treinar e manter estes modelos de forma eficiente (Basogain Olabe, 2014).

A necessidade de hardware especializado, como as unidades de processamento gráfico (GPU) ou mesmo as unidades de processamento tensorial (TPU), constitui um desafio adicional que aumenta os custos de implementação. Além disso, a falta de acesso a plataformas de computação em nuvem que possam fornecer estes recursos a pedido limita a capacidade de muitas organizações para experimentarem e escalarem a utilização de redes neuronais na avaliação do risco de crédito. Esta barreira tecnológica também se reflecte na falta de pessoal formado para gerir estas infra-estruturas e otimizar os modelos, o que acrescenta uma dificuldade adicional.

Para ultrapassar estes desafios, é essencial considerar estratégias como a utilização de modelos mais leves ou técnicas de transferência de aprendizagem para reduzir os requisitos computacionais. Além disso, a colaboração com fornecedores de serviços em nuvem pode ajudar as instituições a aceder aos recursos necessários de uma forma mais económica e flexível. No entanto, estas soluções exigem um planeamento cuidadoso para garantir a eficiência e a sustentabilidade a longo prazo da infraestrutura utilizada.

Um desafio crítico quando se utilizam redes neuronais é

garantir que o modelo não se torne demasiado dependente dos dados com que foi treinado, um fenómeno conhecido como sobreajuste. Devido à capacidade das redes neuronais para aprender padrões complexos, existe um risco significativo de o modelo aprender demasiado bem pormenores específicos dos dados de treino, incluindo ruído e peculiaridades que não são generalizáveis. Consequentemente, quando o modelo é utilizado com novos dados, pode não reconhecer padrões diferentes, conduzindo a previsões incorrectas.

Por exemplo, se um modelo for treinado apenas com dados de candidatos a empréstimos de um determinado contexto económico, como um período de estabilidade, poderá ter dificuldade em fazer previsões precisas em situações diferentes, como uma recessão. Este fenómeno de sobreajuste ocorre porque o modelo se torna extremamente bom a prever o conjunto de dados em que foi treinado, mas perde flexibilidade para se adaptar a novos contextos.

Para atenuar este problema, são utilizadas técnicas como a regularização, que penaliza a complexidade excessiva do modelo através da adição de termos de penalização na função de custo, e a validação cruzada, que permite avaliar o desempenho do modelo em diferentes subconjuntos de dados para garantir a sua boa generalização. Além disso, técnicas como o dropout, que desactiva aleatoriamente alguns neurónios durante o treino, podem ajudar a melhorar a capacidade de generalização do modelo, reduzindo o risco de este aprender padrões específicos a partir dos dados de treino. No entanto, estas abordagens nem sempre são suficientes, especialmente se os dados de treino forem limitados ou não tiverem a diversidade necessária, o que pode comprometer a robustez do modelo (Pérez Ramírez & Fernández Castaño, 2007).

Um problema relacionado é a opacidade dos modelos de redes neuronais. Estes modelos são considerados "caixas negras", uma vez que a complexidade das suas camadas internas torna difícil interpretar a forma como se chega a uma determinada decisão. No domínio da gestão do crédito, isto representa um grande problema, uma vez que as decisões financeiras devem ser explicáveis e transparentes tanto para os requerentes como para os reguladores (Ladino Becerra, 2014). Esta falta de interpretabilidade pode gerar desconfiança tanto a nível institucional como para os clientes, o que pode dificultar a adoção destas tecnologias.

Por último, existem barreiras regulamentares e éticas. A adoção de redes neuronais na gestão do crédito envolve o tratamento de dados sensíveis dos candidatos, que estão sujeitos a regulamentação em matéria de privacidade e proteção de dados. Além disso, a possibilidade de enviesamento nos dados de formação pode conduzir a resultados discriminatórios, o que tem implicações legais e éticas. Assegurar a conformidade com estes regulamentos e garantir um tratamento justo e equitativo de todos os candidatos são desafios que devem ser cuidadosamente abordados. Por exemplo, devem ser criados mecanismos para auditar o modelo em busca de potenciais enviesamentos e estabelecer protocolos de mitigação para corrigir quaisquer problemas identificados (Herrera Ortega, 2023).

Considerações éticas e regulamentares sobre a utilização da inteligência artificial para o crédito

A aplicação de redes neuronais na avaliação do risco de crédito suscita uma série de considerações éticas e regulamentares que devem ser abordadas para garantir que estas tecnologias sejam utilizadas de forma justa e responsável. Estas considerações abrangem uma série de domínios fundamentais que devem ser cuidadosamente analisados e geridos.

Privacidade dos dados

A privacidade dos dados dos candidatos é uma preocupação fundamental. Os modelos de redes neuronais requerem grandes volumes de dados pessoais para serem treinados, o que apresenta riscos relacionados com a proteção de dados. É necessário garantir que os dados recolhidos são protegidos contra o acesso não autorizado e utilizados apenas para os fins estipulados. Isto implica o cumprimento de regulamentos como o Regulamento Geral sobre a Proteção de Dados (RGPD) da União Europeia, que estabelece regras rigorosas sobre a recolha, o armazenamento e a utilização de dados pessoais (Herrera Ortega, 2023).

Além disso, é importante garantir que a recolha de dados seja efectuada com o consentimento explícito dos candidatos, que devem ser plenamente informados sobre a forma como os seus dados serão utilizados e os direitos que lhes assistem, como o direito de solicitar a eliminação das suas informações. Esta abordagem não só é necessária para o cumprimento da regulamentação, como também reforça a confiança entre os clientes e as instituições financeiras.

A utilização de dados alternativos, como a informação proveniente das redes sociais ou das transacções dos consumidores, apresenta desafios específicos em matéria de privacidade. Embora estes dados possam fornecer informações valiosas para avaliar o risco de crédito de uma forma mais abrangente, a sua recolha deve ser efectuada com especial cuidado para proteger a privacidade das pessoas. As instituições financeiras devem implementar políticas rigorosas sobre a utilização destes dados, assegurando que qualquer utilização está de acordo com as expectativas de privacidade dos requerentes e cumpre os regulamentos aplicáveis. Além disso, é importante ter em conta que estes dados podem ser particularmente sensíveis e podem nem sempre refletir um contexto financeiro exato, o que exige um tratamento responsável e transparente.

A implementação de técnicas avançadas de anonimização e encriptação é outra prática crucial para proteger a privacidade dos dados. A anonimização garante que os dados pessoais não podem ser rastreados até indivíduos específicos, enquanto a encriptação protege a informação durante a transmissão e o armazenamento. Estas práticas são fundamentais para minimizar os riscos de violações de dados e garantir um tratamento responsável das informações pessoais.

Equidade nas decisões de crédito

A equidade nas decisões de crédito é uma consideração fundamental, especialmente tendo em conta a possibilidade de as redes neuronais perpetuarem ou amplificarem os enviesamentos nos dados de treino. Estes modelos, sendo complexos, podem aprender padrões tendenciosos se os dados reflectirem as desigualdades existentes na sociedade, como as diferenças de tratamento de certos grupos com base no género, na etnia ou no estatuto socioeconómico. Esta situação pode conduzir a decisões discriminatórias, em que certos grupos de requerentes são sistematicamente desfavorecidos nos processos de avaliação do crédito, afectando tanto o seu acesso aos serviços financeiros como o seu bem-estar económico.

Para mitigar este risco, é essencial implementar mecanismos de auditoria e controlo dos modelos. Estes mecanismos devem permitir a deteção e correção de potenciais enviesamentos durante a fase de formação e produção do modelo. Por exemplo, uma boa prática consiste em avaliar periodicamente o desempenho do modelo em diferentes segmentos da população para identificar se existem disparidades nas taxas de aprovação entre grupos específicos. Esta avaliação constante permite o ajustamento dos parâmetros e melhora a equidade do modelo.

Para além disso, é essencial garantir que os modelos são auditáveis, para que tanto os candidatos como as entidades reguladoras possam saber claramente como são tomadas as decisões. A transparência no desenvolvimento e avaliação dos modelos ajuda a identificar potenciais enviesamentos, o que facilita a criação de confiança entre as instituições financeiras e os seus clientes. A implementação de técnicas para avaliar o significado das caraterísticas utilizadas pelo modelo pode ajudar a garantir que não existem variáveis que introduzam implicitamente discriminação (Herrera Ortega, 2023).

Outra estratégia relevante é a utilização de abordagens de atenuação de enviesamento durante o pré-processamento de dados, como a recolha de dados equilibrados ou o ajuste de ponderações para que os grupos sub-representados tenham maior visibilidade. Também podem ser utilizadas técnicas na fase de formação, como a penalização de resultados tendenciosos, para melhorar a equidade. A implementação destas estratégias contribui para a criação de um sistema de avaliação de crédito mais justo, em que todos os candidatos têm a mesma oportunidade de serem avaliados pelos seus méritos e não devido a enviesamentos nos dados.

Explicabilidade do modelo

A explicabilidade dos modelos é uma componente fundamental para garantir a transparência e a confiança nas decisões tomadas pelas redes neuronais. No domínio financeiro, a capacidade de explicar como e porquê foi tomada uma determinada decisão é crucial, não só para cumprir a regulamentação, mas também para manter a confiança dos candidatos a crédito e das instituições financeiras. Ao contrário dos modelos tradicionais, como os baseados na regressão linear, as redes neuronais são frequentemente consideradas "caixas negras", uma vez que a complexidade da sua estrutura interna dificulta a interpretação do processo de decisão.

Para resolver esta falta de interpretabilidade, é importante implementar métodos para desvendar a lógica subjacente às previsões. Ferramentas como o LIME (Local Interpretable Model-agnostic Explanations) e o SHAP (SHapley Additive exPlanations) são úteis neste contexto, pois permitem identificar quais as caraterísticas específicas que mais influenciaram uma determinada decisão no modelo. Estas ferramentas oferecem uma forma de fornecer explicações compreensíveis que podem ser apresentadas tanto aos reguladores como aos requerentes, aumentando assim o nível de transparência do processo (Ribeiro, Singh, & Guestrin, 2016; Lundberg & Lee, 2017).

A utilização destas ferramentas não só facilita a compreensão das decisões individuais, como também ajuda a identificar padrões gerais no comportamento do modelo que podem indicar a presença de enviesamentos. Por exemplo, se se verificar que certos atributos, como o local de residência ou o género, têm uma influência desproporcionada nas decisões do modelo, é possível intervir para ajustar os parâmetros de modo a garantir uma avaliação mais justa.

Além disso, o desenvolvimento de modelos explicáveis implica também trabalhar na simplificação das arquitecturas de rede sempre que possível, sem comprometer a precisão das previsões. Isto pode implicar a redução do número de camadas ocultas ou a utilização de arquitecturas híbridas que combinem elementos de modelos mais transparentes com redes neuronais para melhorar o poder explicativo das decisões tomadas.

É essencial concluir que melhorar a explicabilidade das redes neuronais é essencial para criar confiança e garantir a conformidade regulamentar. Isto é especialmente importante no domínio financeiro, em que as instituições têm de justificar as suas decisões aos reguladores e aos requerentes de crédito. A utilização de ferramentas como o LIME (Local Interpretable Model-agnostic Explanations) e o SHAP (SHapley Additive exPlanations) pode ajudar a fornecer explicações compreensíveis das decisões tomadas pelo modelo, facilitando assim um maior grau de transparência (Ribeiro, Singh, & Guestrin, 2016; Lundberg & Lee, 2017).

Controlo humano e responsabilização

A supervisão humana desempenha um papel crucial na implementação de redes neuronais para a avaliação do risco de crédito. Embora a inteligência artificial possa automatizar muitos processos, a intervenção humana continua a ser indispensável para garantir decisões justas e éticas. Os operadores humanos devem verificar se os resultados do modelo estão alinhados com os princípios de equidade e transparência, actuando como um mecanismo de controlo para detetar possíveis erros (Herrera Ortega, 2023).

Uma das principais funções da supervisão humana é analisar os casos em que o modelo gera resultados questionáveis ou atípicos.

Estes casos podem ter um impacto significativo no bem-estar financeiro dos candidatos, e a intervenção humana permite avaliar se existem factores adicionais que o modelo não considerou adequadamente. Desta forma, garante-se que todas as decisões são equilibradas e justas, evitando consequências negativas para determinados grupos (Ribeiro, Singh, & Guestrin, 2016).

Além disso, a supervisão humana é fundamental para garantir a conformidade regulamentar. As decisões tomadas por sistemas automatizados devem cumprir as leis e os regulamentos, como os regulamentos de proteção de dados e as orientações sobre práticas justas de avaliação de crédito. Os operadores humanos devem ser responsáveis por garantir que as decisões estão alinhadas com as normas legais e por intervir quando o modelo se desvia destas (Lundberg & Lee, 2017).

A formação dos operadores é igualmente importante. Para que os operadores possam intervir eficazmente, têm de compreender as capacidades e limitações dos modelos de redes neuronais. Isto inclui compreender os potenciais enviesamentos que podem estar presentes nos dados e o modo como os algoritmos funcionam, o que lhes permitirá intervir de forma informada e proactiva quando necessário.

Por último, a responsabilização e a supervisão humana continuam a ser essenciais. Embora os modelos de inteligência artificial possam automatizar grande parte do processo de avaliação de crédito, as decisões finais têm de ser monitorizadas por humanos para garantir que todos os factores relevantes estão a ser considerados e que se age de forma justa. Os operadores devem ser formados para compreender as limitações dos modelos e agir em conformidade, intervindo sempre que necessário para corrigir erros ou decisões injustas.

O futuro das redes neuronais no sector financeiro

O futuro das redes neuronais no sector financeiro é promissor, com inúmeras oportunidades e desafios que definirão o seu impacto na gestão do risco de crédito e noutros serviços financeiros. Com o avanço da tecnologia e a acumulação de maiores volumes de dados, espera-se que as redes neuronais desempenhem um papel cada vez mais importante na análise financeira e na tomada de decisões.

Expansão das aplicações e melhoria da precisão do modelo

Uma das principais tendências para o futuro é a expansão das aplicações das redes neuronais no sector financeiro. Atualmente, estas redes já são utilizadas na avaliação do risco de crédito, na deteção de fraudes e na segmentação de clientes, mas nos próximos anos poderão também ser aplicadas em áreas como a previsão de mercados, a gestão de activos e a automatização de processos financeiros complexos. A capacidade das redes neuronais para analisar dados não estruturados, como comentários nas redes sociais e outros tipos de dados alternativos, permitirá uma avaliação mais precisa e contextual do perfil financeiro dos candidatos a crédito.

Além disso, espera-se uma melhoria constante da precisão dos modelos devido aos avanços no desenvolvimento de arquitecturas mais sofisticadas e ao acesso a conjuntos de dados mais diversificados e de maior dimensão. As arquitecturas híbridas, que combinam redes neuronais com outras abordagens algorítmicas, estão também a ganhar terreno. Estes modelos têm o potencial de melhorar a capacidade de previsão, tirando partido de diferentes técnicas, como a aprendizagem supervisionada e a aprendizagem profunda não supervisionada.

Reduzir os preconceitos e melhorar a equidade

O futuro terá também de abordar os desafios éticos que as redes neuronais enfrentam atualmente no contexto financeiro. A redução dos enviesamentos e a melhoria da equidade dos modelos continuarão a ser questões fundamentais. À medida que mais empresas adoptam esta tecnologia, espera-se que os criadores se concentrem na implementação de melhores práticas para atenuar os enviesamentos inerentes aos dados de formação e garantir que as decisões tomadas pelos modelos são justas para todos os candidatos. O desenvolvimento de quadros regulamentares mais rigorosos poderá ser uma ferramenta essencial para garantir a equidade e a transparência na utilização destes sistemas (Herrera Ortega, 2023).

Para resolver o problema do enviesamento, uma estratégia fundamental será a integração de técnicas de explicabilidade, como o LIME e o SHAP, que permitam aos criadores e às partes interessadas compreender melhor a forma como as previsões são geradas. Estas ferramentas não só facilitarão a auditabilidade dos modelos, como também ajudarão a identificar áreas em que as decisões podem estar a ser injustas, permitindo ajustes antes de os modelos serem implementados no ambiente operacional (Ribeiro, Singh, & Guestrin, 2016; Lundberg & Lee, 2017).

Avanços na interpretabilidade e adoção generalizada

Outro aspeto relevante para o futuro é o desenvolvimento de modelos mais interpretáveis. Com o aumento da pressão regulamentar e da exigência de transparência por parte dos clientes, será essencial que as redes neuronais sejam capazes de explicar as suas decisões de uma forma compreensível para todos os envolvidos. Espera-se que sejam desenvolvidos métodos mais avançados para interpretar a forma como as redes neuronais processam os dados e tomam decisões, tornando possível que mesmo os utilizadores não técnicos compreendam e confiem nos resultados do modelo.

A interpretabilidade será um fator essencial para a adoção generalizada das redes neuronais pelas instituições financeiras. As organizações que conseguirem implementar modelos interpretáveis e corresponder às expectativas de transparência terão uma vantagem competitiva significativa, uma vez que conseguirão estabelecer uma maior confiança com os seus clientes e cumprir a regulamentação de forma mais eficaz. Além disso, a colaboração entre reguladores, instituições financeiras e especialistas em tecnologia será fundamental para promover a adoção segura e ética das redes neuronais no sector financeiro.

Desafios técnicos e oportunidades futuras

Apesar das oportunidades significativas, a utilização de redes neuronais no sector financeiro acarreta vários desafios técnicos que têm de ser resolvidos. Um dos maiores desafios é a complexidade computacional envolvida no treino de modelos profundos, que exige uma grande capacidade de processamento e armazenamento. Isto implica a necessidade de infra-estruturas especializadas, como as unidades de processamento gráfico (GPU) e as unidades de processamento tensorial (TPU), que permitem um treino mais eficiente e rápido dos modelos. Estas infra-estruturas podem ser dispendiosas e nem sempre acessíveis a todas as instituições, especialmente as mais pequenas, o que cria uma barreira significativa à adoção destas tecnologias. No entanto, os avanços nas plataformas de computação em nuvem estão a ajudar a democratizar o acesso a estes recursos, oferecendo soluções mais económicas e escaláveis (Lundberg & Lee, 2017).

Outro desafio técnico relevante é a necessidade de melhorar a eficiência da formação de modelos, a fim de reduzir o tempo e os custos associados. Atualmente, o processo de formação pode ser extremamente intensivo, tanto em termos de tempo como de recursos. Neste contexto, o desenvolvimento de técnicas como a aprendizagem federada poderá revolucionar o sector. A aprendizagem federada permite que os modelos sejam treinados utilizando dados distribuídos sem a necessidade de centralizar a informação, o que não só melhora a eficiência, mas também oferece benefícios significativos em termos de privacidade e segurança dos dados, o que é crucial para o sector financeiro.

Além disso, a gestão de dados não estruturados representa um desafio significativo. Os modelos de redes neuronais têm o potencial de aproveitar informações valiosas de fontes não tradicionais, como as redes sociais ou os históricos de navegação. No entanto, o processamento e a utilização efectiva destes dados são complexos, uma vez que exigem um pré-processamento considerável para serem corretamente integrados no modelo. Os avanços no processamento da linguagem natural (PNL) e nas técnicas de análise de sentimentos serão fundamentais para que estes dados sejam efetivamente integrados, proporcionando uma visão mais completa e precisa dos perfis de crédito dos candidatos.

Por último, a integração de novas tecnologias, como a computação quântica, poderá oferecer soluções inovadoras para problemas de escalabilidade e eficiência no futuro. A computação quântica tem o potencial de reduzir significativamente o tempo de formação e melhorar a capacidade dos modelos para analisar grandes volumes de dados. Embora esta tecnologia ainda esteja em desenvolvimento, o seu avanço poderá mudar radicalmente o panorama das redes neuronais no sector financeiro, oferecendo oportunidades para resolver alguns dos desafios técnicos mais complexos que o sector enfrenta.

Colaboração entre reguladores e promotores

Por último, o futuro das redes neuronais no sector financeiro dependerá, em grande medida, de uma estreita colaboração entre os criadores de tecnologia, as instituições financeiras e as entidades reguladoras. A integração profunda destas tecnologias na tomada de decisões financeiras exigirá normas claras que regulem a sua utilização, promovendo assim a ética e a segurança na sua implementação. Esta colaboração permitirá que os criadores compreendam as expectativas dos reguladores e que estes se familiarizem mais com os aspectos técnicos das redes neuronais, criando um quadro em que a proteção dos consumidores e a inovação possam coexistir de forma equilibrada.

As entidades reguladoras devem participar ativamente no processo de desenvolvimento e implantação destas tecnologias, trabalhando em conjunto com os criadores para garantir que os sistemas de inteligência artificial funcionem de forma transparente e equitativa. Isto implica a definição de diretrizes específicas para o tratamento dos dados, a interpretabilidade dos modelos e a prevenção de potenciais enviesamentos. A colaboração promoverá igualmente um ambiente de intercâmbio de conhecimentos, em que as melhores práticas podem ser partilhadas e adoptadas pelos diferentes intervenientes no sector.

Além disso, as instituições financeiras têm um papel fundamental a desempenhar para garantir que as redes neuronais sejam aplicadas de forma responsável. Para o efeito, devem comprometer-se não só a cumprir a regulamentação estabelecida, mas também a ir mais longe, estabelecendo políticas internas que garantam uma utilização justa e ética da tecnologia. A colaboração entre todos estes intervenientes não só facilitará a adoção das redes neuronais, como também contribuirá para um ambiente financeiro mais seguro, mais transparente e mais justo para todos os envolvidos, reforçando assim a confiança do público nesta tecnologia.

Referências bibliográficas

Aldabas-Rubira, J. (2002). *Redes Neuronais e sua Aplicação em Previsões de Consumo.* Editorial Científica de Tecnología.

Basogain Olabe, X. (2014). *Redes Neurais Artificiais e suas Aplicações.* Escola de Engenharia de Bilbao, EHU.

Del Carpio Gallegos, A. (2005). *Redes neuronais para a gestão do crédito.* Editorial Nombre.

Fernández, R., & Torres, L. (2024). *Aprendizagem supervisionada e não supervisionada na avaliação do risco de crédito.* Nome da Editorial.

García López, H. (2024). *Limpeza de dados no pré-processamento para a gestão do risco de crédito*. Nome da Editorial.

Guerrero, W. A., Camacho-Galindo, S., Guerrero-Martin, L. E., Arévalo, J. C., de Freitas, P. P., Gómes, V. J. C., Fernandes, F. A. S., & Guerrero-Martin, C. A. (2024). Impacto da inteligência artificial na tomada de decisões financeiras: oportunidades e desafios para os líderes empresariais. DYNA, 91(233), 168-177.

Hebb, D. O. (1949). The Organization of Behavior: A Neuropsychological Theory (A Organização do Comportamento: Uma Teoria Neuropsicológica). Wiley.

Hernández, G., & Vásquez, P. (2023). *Aprendizagem não supervisionada na gestão de crédito.* Editorial Nombre.

Herrera Ortega, R. (2023). *Considerações éticas no uso de redes neurais para gerenciamento de crédito.* Editorial Universitaria.

Lundberg, S. M., & Lee, S.-I. (2017). *Uma abordagem unificada para interpretar as previsões do modelo.* Avanços nos sistemas de processamento de informações neurais (NIPS).

McCulloch, W. S., & Pitts, W. H. (1943). Um Cálculo Lógico das Idéias Imanentes na Atividade Nervosa. Boletim de Biofísica Matemática, 5, 115-133.

Melchor Pérez, S., et al. (2024). *A camada de saída em redes neurais no contexto financeiro.* Nome da Editorial.

Méndez Araya, VE (2009). Estudo da aplicação de redes neurais na avaliação do risco de crédito (Relatório final de Engenharia Civil em Informática). Pontificia Universidad Católica de Valparaíso.

Montalván, F. (2019). *Redes neurais aplicadas à aprendizagem supervisionada.* Nome da Editorial.

Perales Paz, J. (2024). *Estrutura e funcionamento de redes neurais para a gestão do risco de crédito.* Nome da Editorial.

Pérez Ramírez, F O., & Fernández Castaño, H. (2007). *Redes neurais e avaliação do risco de crédito.* Revista Ingenierías Universidad de Medellín, 6(10), 77-91.

Pérez Ramírez, L., & Fernández Castaño, R. (2007). *Retropropagação de erros em redes neuronais.* Editorial Nombre.

Ramírez, J. A., & Chacón, M. I. (2011). Redes neurais artificiais para processamento de imagens, uma revisão da última década. Revista de Engenharia Eletrotécnica, Eletrónica e de Computadores (RIEE&C), 9(1), 7-16.

Ribeiro, M. T., Singh, S., & Guestrin, C. (2016). *"Por que devo confiar em você?" Explicando as previsões de qualquer classificador.* Actas da 22.ª Conferência Internacional ACM SIGKDD sobre Descoberta de Conhecimento e Extração de Dados.

Rodríguez, M., & Martínez, C. (2023). *Normalização e padronização de dados no contexto do crédito.* Editorial Nombre.

Ruiz, L., & Basualdo, A. (2001). *A Regra de Hebb e sua Aplicação em Redes Neurais Modernas.* Editorial Científica.

Rumelhart, D. E., Hinton, G. E., & Williams, R. J. (1986). Learning Representations by Back-Propagating Errors (Representações de aprendizagem por erros de retropropagação). Nature, 323, 533-536.

Sosa Sierra, M. del C. (2007). A inteligência artificial na gestão financeira das empresas. Pensamiento & Gestión, (23), 153-

186.

Toro Ocampo, A., Mejía Giraldo, J., & Salazar Isaza, P. (2004). Título do livro ou artigo. Editora ou fonte de publicação.

Van Greuning, H., & Brajovic Bratanovic, S. (2009). Bank risk analysis: A framework for assessing corporate governance and risk management (3ª ed.). Banco Mundial. Ladino Becerra, I. C. (2014). *Comparação de modelos de risco de crédito: modelos logísticos e redes neurais.* Pontificia Universidad Javeriana.

Villamil Bahamón, R. (2013). *Modelo Neural Preditivo para Avaliação de Risco de Crédito.* Universidade Nacional da Colômbia.

Werbos, P. (1974). Beyond Regression: New Tools for Prediction and Analysis in the Behavioral Sciences. Dissertação de doutoramento, Universidade de Harvard.

Printed by Books on Demand GmbH, Norderstedt / Germany